U0336255

写给孩子的

趣味代数学

ENTERTAINING ALGEBRA

Я.И.ПЕРЕЛЬМАН

对培养孩子学习兴趣
有巨大贡献的科普经典

[俄] 雅科夫·伊西达洛维奇·别莱利曼◎著
甘平◎译

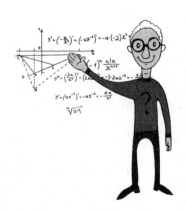

WUHAN UNIVERSITY PRESS
武汉大学出版社

图书在版编目（CIP）数据

写给孩子的趣味代数学/（俄罗斯）雅科夫·伊西达洛维奇·别莱利曼著；甘平译. —武汉：武汉大学出版社，2019.11

ISBN 978 - 7 - 307 - 21055 - 4

Ⅰ. 写… Ⅱ. ①雅… ②甘… Ⅲ. 代数—少儿读物 Ⅳ. O15 - 49

中国版本图书馆 CIP 数据核字（2019）第 152166 号

责任编辑：黄朝昉　孟令玲　　责任校对：许　婷　　版式设计：新立风格

出版发行：**武汉大学出版社** 　　（430072　武昌　珞珈山）

　　　　　（电子邮箱：cbs22@whu.edu.cn 网址：www.wdp.com.cn）

印刷：固安县保利达印务有限公司

开本：710×960　　1/16　　印张：14　　字数：165 千字

版次：2019 年 11 月第 1 版　　2019 年 11 月第 1 次印刷

ISBN 978 - 7 - 307 - 21055 - 4　　定价：42.80 元

版权所有，不得翻印；凡购我社的图书，如有质量问题，请与当地图书销售部门联系调换。

前　　言

　　雅科夫·伊西达洛维奇·别莱利曼（1882—1942），出生于俄国格罗德省别洛斯托克市。别莱利曼出生的第二年，父亲便去世了，但他从身为小学教师的母亲身上获得了良好的教育。17 岁他就开始在报刊上发表作品，当时的人们迷信流星雨是即将毁灭人类的火雨，别莱利曼针对流星雨写下了《论火雨》的科学论文，他指出人们口中的火雨不过一种正常的天文现象，即狮子座流星雨，它会定期地出现。

　　1909 年别莱利曼毕业于圣彼得堡林学院，毕业以后他就全力从事教学与科普作品的写作。1913 年发表了《趣味物理学》，这为他后来相继完成一系列趣味科普读物打下了基础。1919—1923 年，他创办了苏联第一份科普杂志《在大自然的实验室里》并担任主编。1924—1929 年，他在列宁格勒（即圣彼得堡）《红报》科技部任职，兼任《科学与技术》《教育思想》杂志的编委。1925—1932 年，担任时代出版社理事，组织出版了大量趣味科普图书。1933—1936 年担任青年近卫军出版社列宁格勒部顾问、学术编辑和撰稿人。1935 年，他创办和主持列宁格勒"趣味科学之家"，开展广泛的少年科学活动。在反法西斯侵略的卫国战争中，还为苏联军人举办军事科普讲座，这也是他为科普生涯做出的最后奉献。1942 年 3 月 16 日，别莱利曼在列宁格勒溘然长逝。

　　1959 年苏联发射的无人月球探测器 "月球 3 号" 在月球上拍摄了第一张月球背面的照片，人们将其中的一个月球环形山命名为 "别莱利曼" 环形山，以此来纪念这位为科学奉献一生的科普大师。

　　尽管别莱利曼在生前没有任何科学发现，也没有得过什么荣誉称号，但他是一位特殊意义的 "学者"，趣味科学的奠基人。他一生发表了 1 000 多篇文章，共写了 105 本书，其中大部分是趣味科普读物。以《趣味物理学》《趣味物理学（续编）》《趣味力学》《趣味代数学》《趣味几何学》《趣味天文学》最为有名。他的趣味科普系列图书在苏联就出版几十次，并且被翻译成多国语言，至今仍在全世界畅销，深受读者的喜爱。虽然别莱利曼从没把自己当成作家，但无疑他是一位享誉全球的科普作家，他的作品出版量是无数作家难以企及的。

　　别莱利曼的文笔流畅优美，他将文学语言与科学语言完美地结合起来，善于将科学理论用生动趣味的形式表现出来。凡是读过他的科普读物的读者无不被他的作品所吸引，人们不觉得是在学习知识，而是在欣赏妙趣横生的故事。他的作品堪称具有严谨科学性和优美趣味性的科普教科书。

　　本书并不是一本写给代数初级入门者的教科书，它和这个系列的其他图书一样不是一本教材，而是一本趣味科普读物。

　　本书是为学过代数知识的读者而写，即使他们对代数的了解只是半知半解。本书的写作目的之一就是帮助读者将这些零碎和掌握得不够牢固的知识系统，进行纠正、复原。当然，本书还有一个目的，就是培养起读者对代数学的好奇心，自己去探索代数世界，填补代数知识上的空白。

　　本书中的代数题目，既有文学作品中摘录出来的数学题，也有音乐、美术中的数学知识，更有生活中人们会遇到的买卖问题、建造房屋的问题。作者把代数紧紧贴近生活，教导读者灵活运用，从而巩固原有的基础，进一步提高学习的兴趣。

目　　　录

初始状态0

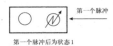

第一个脉冲

第一个脉冲后为状态1

回答脉冲　　　　　　　　第二个脉冲

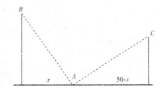

Chapter 3　算术的帮手 /071

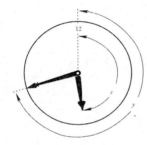

Chapter 4　刁藩都方程 /095

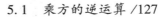

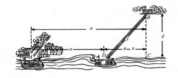
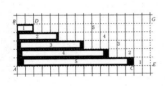

Chapter 9　第七种数学运算 /189

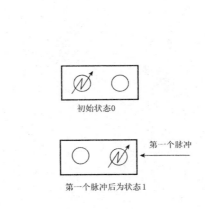

初始状态0

第一个脉冲

第一个脉冲后为状态1

回答脉冲　　　　　　第二个脉冲

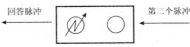

Chapter 1
第五种数学运算——乘方

1.1　乘方：第五种数学运算

每一种新的数学运算都是从实际生活中应运而生的，乘方也不例外。在日常生活的实际计算中，我们经常会用到乘方，比如：计算面积时要用到二次方；计算体积时要用到三次方。除此之外，在物理学中，万有引力、静电作用、磁性作用、光、声等的强度也与距离的二次方成反比；在太阳系中，行星围绕太阳旋转和卫星围绕行星旋转时，旋转周期的二次方和与旋转中心距离的三次方成正比例关系。

代数之所以又被称为"具有七种运算的算术"，就是因为在代数中，除了有人人都知道的加减乘除四种基本运算之外，还有乘方以及它的两种逆运算。

下面，我们就从代数的"第五种运算"——乘方开始，谈一谈关于代数的一些问题。

二次方和三次方在我们的日常生活中非常常见，但是，更高次的乘方也不只存在于代数练习中。比如说，工程师在计算各种材料的强度时，经常要用到四次方；工程师在求蒸馏管的直径时，甚至要用到六次方；水利学家在研究流水冲击石块的力量时，通常也要用到六次方。假设一条河的流速是另一条河的 4 倍，那么流速快的河对河床上的石头的冲击力就是流速

慢的河的 4^6 倍，即 4 096 倍①。

在研究电灯泡中的灯丝的亮度和温度之间的关系时，我们还需要用到更高次的乘方。物体在白热的情况下，总亮度依温度增高速度的 12 次方倍增加（这里所说的温度指从 $-273\ ℃$ 算起的"热力学温度"）。而在赤热的情况下，这个倍数将达到 30 次方。例如，在热力学温度下，将物体从 2 000 K 加热到 4 000 K，此时温度增加到原来的 2 倍，物体的亮度则增强到了原来的 2^{12} 倍，即 4 000 多倍。总亮度随温度所发生的变化在灯泡的制造中有着非常重要的意义，关于这点，我们后面会继续讲。

1.2　庞大的天文数字

天文学家在对宇宙进行研究的过程中，经常会遇到一些非常巨大的数字，这种数字通常只有一两位有效数字，后面跟着长长的一串 0。像这种数字一般都被我们称为"天文数字"。天文数字写起来非常不方便，也正是因为这个原因，天文学家对乘方这种数学运算的运用非常广泛。

拿地球到仙女座星云的距离来说，如果使用普通的写法来写的话，就是：

95 000 000 000 000 000 000 千米

在天文计算中，千米是过大的单位，研究者们通常并不是用千米来表示天体间的距离，而是用厘米。于是，在计算过程中，上面的数字后要再

① 有关这方面的介绍参见作者的《趣味力学》第九章。

添加 5 个 0：

9 500 000 000 000 000 000 000 000 厘米

这个数字已经非常庞大了，但是跟恒星的质量还是没法比。在天文计算中，恒星的质量是以克为单位的。以克为单位时，太阳的质量就是：

1 983 000 000 000 000 000 000 000 000 000 000 克

显然，如果我们用这么大的数字进行计算，不仅非常复杂，而且很容易出错。更何况，比上面我们提到的天文数字大得多的数字还有很多。

这个时候，只要使用乘方，我们计算过程中所遇到的困难就能迎刃而解。凡是 1 后面带着一些 0 的数字，我们都可以用 10 的若干次方来表示：

$10 = 10^1$，$100 = 10^2$，$1\ 000 = 10^3$，$10\ 000 = 10^4$，…

按照这种方式，我们前面所列举的那些天文数字就能写成如下的形式：

地球到仙女座星云的距离

95×10^{23} 厘米

太阳的质量

$1\ 983 \times 10^{30}$ 克

这种表示方法不仅便于书写，而且计算起来也非常容易。比如，当我们想把上面两个数乘起来的时候，只需要用乘法算出 $95 \times 1\ 983 = 188\ 385$，然后再在后面写上因数 $10^{23+30} = 10^{53}$ 就可以了。整个计算过程如下：

$95 \times 10^{23} \times 1\ 983 \times 10^{30} = 188\ 385 \times 10^{53}$

这种计算方法当然比直接拿一个有 23 个 0 的数字乘上一个有 30 个 0 的数字方便得多。而且这种方法会更可靠，因为当 0 的数量非常多时，我们不可避免地就会发生一些漏写的情况，这样得出的结果就是错误的。

1.3 空气的质量

为了让大家更深刻地认识到用乘方的形式表示大数确实能使计算变得简单，下面我们再举一个例子：计算出地球的质量是它周围空气的总质量的多少倍。

学过物理的人都知道，空气在每平方厘米地球表面所形成的压力约为 1 千克。这就是说，支在每平方厘米地球表面积上的空气柱的质量约为 1 千克。如果我们把包围在地球周围的空气看成是由一根根空气柱组成的，那么以平方厘米为单位计算地球的表面积，我们所得到的结果就是空气柱的总数量，也就是以千克为单位时的空气总质量。通过翻阅资料，我们很容易就能查到，地球的表面积大约是 51 000 万平方千米，即 51×10^7 平方千米。

1 千米等于 1 000 米，1 米又等于 100 厘米，由此我们不难得出，1 千米等于 10^5 厘米。这样，1 平方千米就等于 10^{10} 平方厘米。由此，地球的表面积为：

$$51 \times 10^7 \times 10^{10} = 51 \times 10^{17} \text{（平方厘米）}$$

地球周围空气的总质量如果用千克来计算的话，与这个数字相等。下面我们把空气的质量用吨来表示，那么就是：

$$51 \times 10^{17} \div 1\,000 = 51 \times 10^{17} \div 10^3 = 51 \times 10^{17-3} = 51 \times 10^{14} \text{（吨）}$$

而地球的质量约为：

$$6 \times 10^{21} \text{吨}$$

下面，我们可以通过除法来计算出地球的质量是它周围空气总质量的多少倍了：

$$6 \times 10^{21} \div (51 \times 10^{14}) \approx 10^{6}$$

也就是说，地球的质量约为它周围空气总质量的一百万倍。

1.4　常温下的燃烧

化学反应的速度与温度有着相当密切的关系。任何温度下，化学反应都在发生，只不过每当温度降低 10 ℃，由于能够参与化学反应的分子数量减少到了原来的一半，这时化学反应的速度也就降低到了原来的一半。由此我们不难知道，碳元素和氧元素在任何温度下都能发生化合反应，只是在不同温度下，反应的速度不一样。换句话说，木柴和煤不是只在高温下燃烧的，在常温下也是一直燃烧着的，只不过燃烧的速度非常缓慢罢了。

根据上面所说的反应定律，我们可以来研究一下木柴燃烧的过程。

假设在 600 ℃的温度下，烧掉 1 克木柴所用的时间为 1 秒，那么当温度降到 20 ℃的时候，烧掉 1 克木柴所用的时间为多长呢？

由题意可知，温度一共降低了 580 ℃，也就是以每次 10 ℃的速度降低了 58 次。由于温度每降低 10 ℃，反应速度变为原来的一半，所以当温度由 600 ℃降低到 20 ℃时，反应速度降低到了原来的 $\frac{1}{2^{58}}$，此时燃烧 1 克木柴所用的时间就延长到了原来的 2^{58} 倍。即燃烧 1 克木柴要用 2^{58} 秒。

由于

$$2^{58} = 2^{60-2} = 2^{60} \div 2^2 = \frac{1}{4} \times 2^{60} = \frac{1}{4} \times (2^{10})^6 \approx \frac{1}{4} \times 10^{18}$$

而且

$$2^{10} = 1\ 024 \approx 10^3$$

由于一年约有 3×10^7 秒,而且

$$\left(\frac{1}{4} \times 10^{18}\right) \div (3 \times 10^7) = \frac{1}{12} \times 10^{11} \approx 10^{10}$$

所以,在 20 ℃的温度下,燃烧 1 克木柴所用的时间大概为 10^{10} 年,也就是一百亿年。这么缓慢的反应速度,我们当然没有办法感觉到了。

1.5 意想不到的天气变化

[题] 在讨论天气的时候,如果我们忽略其他变化,只把天气分为晴天和阴天两种情况,那么从一周的天气变化情况来看,最多会有多少周的天气变化可以完全不同呢?

大部分人觉得这个时间不会很长,最多七八周,所有阴晴组合就基本都有了。但是事实真的如此吗?下面我们就借助第五种数学运算——乘方来精确地计算一下。

[解] 我们可以把这个问题转化为求一周的阴晴变化有多少种组合形式。

每一天的天气都有两种可能:阴天和晴天。第一天有两种可能,第二

天也有两种可能，所以，前两天的天气情况会有 2^2 种可能的组合。第三天的两种组合又可以与前两天的四种组合的任意一种结合，所以前三天就有了 $2^2 \times 2 = 2^3$ 种组合方式。第四天、第五天……直到第七天，情况都与第三天相似，这样，我们很轻易就能推算出一周中有 $2^7 = 128$ 种不同的阴晴组合方式了。

所以，从一周的天气变化情况来看，最多可以连续 128 周，天气变化情况完全不同。按照自然规律，重复很可能在很早的时候就开始出现了。我们所计算出的 128 周是个最大期限，在这个期限内，虽然概率很小，但还是存在不重复的可能的。过了这个期限，重复出现就不可避免了。

1.6 很难打开的密码锁

[题] 假设有这样一个保险柜，仅有钥匙是打不开的，要想打开它，必须知道锁的密码。保险柜的门上有 5 个环，每个环上都有 36 个字母。只有把这 5 个环上的字母排列成作为保险柜密码的某一个单词，门才能被打开。没有人知道这个作为密码的单词是什么，为了不损坏保险柜，我们决定把所有环上的所有字母的一切组合都试一次。假设每尝试一个组合要用 3 秒。

那么，想在 10 个工作日内把这个保险柜打开，可以实现吗？

[解] 我们可以先来计算一下，所有环上的所有字母的组合共有多少种。

由于第一个环上的任意一个字母可以跟第二个环上的任意一个字母进

行组合，所以，前两个环上字母的组合情况有

$$36 \times 36 = 36^2 (\text{种})$$

这些组合中的任意一种都可以与第三个环上字母中的任意一个进行搭配。因此前 3 个环字母的组合可能有

$$36^2 \times 36 = 36^3 (\text{种})$$

依据同样的原理，我们不难推断，4 个环字母的组合是 36^4 种，而 5 个环字母的组合是 36^5 种，也就是 60 466 176 种。假如以每 3 秒一个组合的速度试的话，要想把所有组合形式试上一遍，基本就需要：

$$3 \times 60\ 466\ 176 = 181\ 398\ 528 (\text{秒})$$

换算成小时，则相当于 50 000 多个小时，如果每天工作 8 小时，那么要做完这些大概需要 6 300 个工作日，一周休一天也就是差不多 20 年。

所以，在 10 个工作日内把保险柜打开的可能性非常小，大概只有 $\dfrac{10}{6\ 300}$，也就是 $\dfrac{1}{630}$。

1.7 骑车人的烦恼

[题] 以前，有个迷信的人买了一辆自行车，他特别不喜欢数字"8"，生怕自己的车牌中出现"8"这个倒霉的数字。为了确定碰到这个数字的概率，他进行了一些计算。自行车的车牌号共 6 位，他认为车牌上的数字包含在 0，1，2，…，9 这 10 个数字中，而"8"只是其中的一个，因此，不幸遇到"8"的概率应该只有十分之一。

他的计算正确吗？

[**解**] 自行车的车牌号共有 6 位，每一位都有从 0 到 9 的 10 种选择，排除 6 位同时为 0 的情况之后，剩下的组合都能作为车牌号。因此，自行车的车牌号一共有 999 999 个，从 000 001 到 999 999。现在我们来算一下，在这些号码中，有多少是不含 8 的"幸运"号。

车牌号的前两位中，每一位数字都可以是 0，1，2，3，4，5，6，7，9 这 9 个"幸运"数字中的任意一个。因此，对于牌号的前两位来说，存在着 $9 \times 9 = 81$ 种"幸运"数的组合。由于后面的任一位上都可以是 9 个"幸运"数字中的任何一个，所以，我们可以求出，6 位的车牌号一共可以有 9^6 种"幸运"数的组合。

去掉 6 位同时为 0 的情况之后，自行车车牌号就有 $9^6 - 1 = 531\ 440$ 种"幸运"数的组合，这个数字占到所有号码的 53% 多点，所以出现"倒霉"号的概率其实有近 47%，这个数字远远大于骑车人所预估的 10%。

如果车牌号不是 6 位而是 7 位的话，那么"倒霉"号出现的概率甚至比"幸运"号还要大，利用我们上面所用的方法很容易就能证明这个结论。

1.8　用 2 累乘的惊人结果

在印度有一个非常古老的传说，说的是舍罕王为了奖赏国际象棋的发明者，承诺答应他提出的任何要求。结果这位发明者就要求国王在象棋的第一个格子里赏给他 1 粒麦子，在第二个格子里给 2 粒，第三个格子里给 4

粒，以后每一小格所给的麦子都是前一小格的 2 倍，直到摆满 64 个象棋格子。国王觉得这个要求很容易满足，就答应了他，结果，当仆人们把一袋又一袋的麦子搬来时，国王才惊觉，要满足这位发明者的要求，他要把全印度，甚至全世界的麦粒全给他。

这是个很好的例子，一个很小的数，如果用 2 累乘它，所得的结果会迅速变大。

[题] 草履虫平均每 27 小时分裂一次，每分裂一次，原来的一个就会变成两个。假如所有以这种方式分裂出来的草履虫都能够存活，那么，一个草履虫分裂 40 代之后，它所有的后代所占的体积为 1 立方米。已知太阳的体积为 10^{27} 立方米，那么，需要多长时间，一个草履虫分裂出的后代占据的体积就能像太阳那么大？

[解] 根据已知条件，我们可以把这个问题转化为，1 立方米需要用 2 累乘多少次才可以达到 10^{27} 立方米这个体积？

$2^{10} \approx 1\,000$，因此，我们可以把 10^{27} 写成：

$$10^{27} = (10^3)^9 \approx (2^{10})^9 = 2^{90}$$

即 1 立方米需要用 2 累乘 90 次才能达到 10^{27} 立方米这个体积。据此我们可以得出结论：一只草履虫要经过 130 次（90 + 40）分裂，才能达到 10^{27} 立方米这个体积。我们知道，草履虫平均每 27 小时分裂一次，由此可以计算出，分裂 130 次所需的时间为：

$$27 \times 130 = 3\,510（小时）$$

每天有 24 个小时，把这个时间换算为天数，即

$$3\,510 \div 24 = 146.25（天）\approx 147（天）$$

因此，草履虫在第 147 天可以分裂出第 130 代子孙。这时，它的所有后代的总体积跟太阳一样大。

据说，曾经有一位微生物学家确实观察到了一个分裂了 8 061 次的草履虫。我们可以计算一下，如果这个草履虫的后代都成活了，那么最后一代要占据多大的体积？

类似的问题还有很多，比如我们拿一张纸，将它对半裁开，然后再把得到的半张对半裁开，这样一直裁下去，裁多少次之后能得到跟原子一样大的纸张？

假设一张纸重 1 克，而原子的质量是 $\frac{1}{10^{24}}$ 克。由于

$$10^{24} = (10^3)^8 \approx (2^{10})^8 = 2^{80}$$

所以，一共要对裁 80 次。而人们通常以为要达到这样的目标估计要裁几百万次。

相似地，我们把刚才关于草履虫和太阳的问题反过来问：

如果太阳分裂成两个，每一半又分裂成两个，这样一直分下去，假设分的过程中是平分，而且总体积是不变的，那么经过多少次分裂，能得到和草履虫一样大的粒子？

虽然经过前面的计算我们已经知道了答案是 130，但还是会因为这个数字这么小而觉得不可思议。

1.9　计数触发器

有一种电子装置叫作触发器，它主要由两个电子管组成，这种电子管跟收音机的电子管差不多。当电流流入触发器中时，它只能从左边的电子管或者右边的电子管中通过，也就是说，它只能通过一个电子管。触发器一共有四个触点，其中两个是用来从外部接收一种叫作脉冲的短暂电信号的；而另外两个则是用来从触发器输出回答脉冲的。接收到外部输入脉冲的瞬间，触发器会改变状态，发生"翻转"，这时，原来导通的电子管变成闭合状态，电流转而从另外一个电子管流过。在右边的电子管闭合，左边的电子管导通的瞬间，触发器就会从接触点输出回答脉冲。

当右边的电子管闭合时，我们规定触发器的状态为"状态0"；当右边的电子管导通时，我们规定触发器的状态为"状态1"。那么在连续给触发器输入几个脉冲后，触发器是怎样工作的呢？

假设一开始左边的电子管是导通的，即触发器的初始状态是状态0（图1-1）。输入第一个脉冲后，左边的电子管将会变为闭合状态，即触发器翻转成状态1。这时，触发器不输出回答脉冲。输入第二个脉冲后，左边的电子管导通，触发器重新回到状态0。这时触发器输出回答脉冲。

触发器在经过两个脉冲之后，又回到初始状态0。继续输入第三个脉冲和第四个脉冲的情况跟第一个脉冲和第二个脉冲一样。后面都是如此循环往复的。也就是说，每输入两个脉冲，触发器就会输出一次回答脉冲。

初始状态0

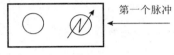

第一个脉冲

第一个脉冲后为状态1

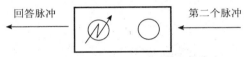

回答脉冲　　　　　　　　　第二个脉冲

第二个脉冲后为状态0，同时输出回答脉冲

图1-1

现在我们假设有好几个触发器，给第一个触发器输入脉冲信号，然后把第一个触发器输出的回答脉冲加到第二个触发器上，第二个触发器输出的回答脉冲加到第三个触发器上，按照图1-2的顺序依次连接，之后，我们来看一下这几个触发器是怎样工作的。

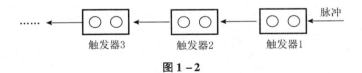

脉冲

触发器3　　　　　触发器2　　　　　触发器1

图1-2

假设一共有5个触发器，将它们的初始状态都设为0，那么初始时的组合就是00 000。现在，对这组触发器加第一个脉冲，这时，第一个触发器转变为状态1。由于此时第一个触发器没有输出回答脉冲，所以，其他触发器仍然处在状态0。此时这一组触发器形成的组合就是00 001。在第二个脉冲之后，第一个触发器发生翻转，变回状态0，它发出的回答脉冲接通第二个触发器，第二个触发器变为状态1，其余的触发器依然处于状态0。这时，触发器的组合就变成了 00 010。接着第一个触发器又接收到了第三个脉冲，这时它变为状态 1，由于没有输出回答脉冲，其余的触发器状态不变，这时的组合就是 00 011。在第四个脉冲后，第一个触发器翻转，并输出回答脉冲，第二个触发器由于第一个触发器的脉冲作用也发生翻转，并输出回答脉冲，第三个触发器因此被接通并发生翻转，变为状态 1，此时的组合就是 00 100。

按照这样一直进行下去，可以得到以下结果：

第一个脉冲　　　组合 00 001

第二个脉冲　　　组合 00 010

第三个脉冲　　　组合 00 011

第四个脉冲　　　组合 00 100

第五个脉冲　　　组合 00 101

第六个脉冲　　　组合 00 110

第七个脉冲　　　组合 00 111

第八个脉冲　　　组合 01 000

……

在二进制计数法中，所有的数都用 0 和 1 表示，与十进制不同，二进制后一位上的 1 是前一位上的 1 的 2 倍，而不是 10 倍。将二进制数转化为十进制数时，只需要从右到左用二进制的每个数去乘以 2 的相应次方，然后将所得的结果相加就可以了。需要注意的是，次方要从 0 开始，从右到左每次增加 1。例如，二进制数 10 011 转化为十进制数就是 $1 \times 2^0 + 1 \times 2^1 + 0 \times$

$2^2 + 0 \times 2^3 + 1 \times 2^4 = 1 + 2 + 16 = 19$。

连接起来的触发器就是以二进制计数法"记录"了从外面输入的脉冲的次数。需要注意的是，触发器每翻转一次，就会记录一个输入进来的脉冲，而这整个过程所需要的时间不过一亿分之几秒！现在的计数触发器每秒能够"计算"出 1 000 多万个脉冲。一般来说，我们的眼睛最快只能来得及识别每隔0.1秒出现一次的信号，所以计数触发器的速度大约是人眼识别速度的100万倍。

假如把 20 个触发器按照以上方法连接在一起，那么它就能记录不超过二进制的 20 位的数目的输入信号。也就是说，它可以"计数"到（2^{20} － 1），这个数字大于 100 万。而当我们把 64 个触发器连在一起时，我们就可以利用它来记录著名的"象棋数字"了。

高速计数对于核物理的实验研究有着十分重大的意义。比如原子裂变时释放出来的各种粒子的数目就可以用这种方法来计算。

1.10　数不清的象棋棋局

你知道下象棋一共有多少种走法吗？

假设我们让黑子先开始走，由于黑子和白子各有两个马，八个卒，而马和卒都有两种走法，所以，黑子第一步共有 20 种不同的走法。而黑子走完第一步之后，为了应对它，白子也有 20 种不同的走法。这也就是说，让白子和黑子各走一步，能够出现 $20 \times 20 = 400$ 种不同的棋局。

而第一步走完之后，可能出现的走法就更多了。例如，白子如果第一步走的是 e2 - e4，那么它第二步的走法就有 29 种，再往后就更多了。以皇后这个棋子为例，如果它占的是 d5 格，而且它所有的出路都是空格，它的走法就有 27 种。为了计算方便，我们用平均数来计算：

假设每局棋双方各走 40 步，而且在前五步各有 20 种走法，接下来，每步各有 30 种走法。这样，我们很容易就能计算出可能出现的棋局的数目为：

$$(20 \times 20)^5 \times (30 \times 30)^{35}$$

对上式进行变形，求出近似值：

$$(20 \times 20)^5 \times (30 \times 30)^{35} = 20^{10} \times 30^{70} = 2^{10} \times 3^{70} \times 10^{80}$$

2^{10} 约等于 1 000，即 10^3，3^{70} 也可以写成：

$$3^{70} = 3^{68} \times 3^2 \approx 10 \times (3^4)^{17} \approx 10 \times 80^{17} = 10 \times 8^{17} \times 10^{17}$$

$$= 2^{51} \times 10^{18} = 2 \times (2^{10})^5 \times 10^{18}$$

$$\approx 2 \times 10^{15} \times 10^{18} = 2 \times 10^{33}$$

结果得出：

$$(20 \times 20)^5 \times (30 \times 30)^{35} \approx 10^3 \times 2 \times 10^{33} \times 10^{80} = 2 \times 10^{116}$$

以上内容比利时数学家克赖奇克在他的著作《游戏的数学和数学的游戏》中对棋盘上可能出现多少种不同的棋局所进行的计算。他所得出的结果可比传说中赏给象棋发明人的麦粒数 $2^{64} - 1 \approx 18 \times 10^{18}$ 多得多了。如果所有人日夜不停地下棋，而且每秒能走一步，那么要想实现所有可能出现的棋局，至少需要用 10^{100} 个世纪。

1.11　隐藏在自动弈棋机中的秘密

棋盘上棋子之间不同组合的数目几乎无以数计，但即便如此，历史上也曾出现过自动弈棋机。听到这个你一定感到非常惊讶，过去的人是如何做出这样一种能自动下棋的机器的？

过去，人们相信一定会有这样一种机器，能真正自动地下棋。在这种情况下，自动弈棋机应运而生。有一架自动弈棋机非常有名，甚至连拿破仑都忍不住要跟它一决高下。它的发明者匈牙利机械师沃里弗兰克·冯·坎别林曾经带它四处展览，足迹到达过维也纳、莫斯科、巴黎、伦敦等地方。不幸的是，19 世纪中期，这台久负盛名的自动弈棋机在美国费城的一场大火中被烧毁。

其实那时根本没有什么自动弈棋机，大家以为能自动进行运算的弈棋机都是骗人的。但人们始终对自动进行有效运算的机器的发明抱有十足的信心。而且在以后的岁月里，这种信心丝毫不减。下面我们就以沃里弗兰克·冯·坎别林所发明的弈棋机为例，谈一谈当时的自动弈棋机的构造问题。

这台自动弈棋机其实是一个装满了复杂机械装置的大箱子。棋局开始之前，为了让观众相信里面除了机器零件之外别无他物，自动弈棋机一般会被打开，人们会看到里面全套的棋盘、棋子以及那些复杂的机械装置。看到箱子内部的陈列之后，人们就开始期待精彩的表演了。但是谁也没有想到，箱子里其实藏着一个棋手。展示箱子的时候，他悄悄移动，躲在那些用来掩饰棋手的机械装置的后面，所以很难被发现。著名的棋手约翰·阿尔盖勒和威廉·刘易斯都曾藏在箱子里面跟人下过棋。

可能出现的棋局太多太多了，能够自动进行运算的弈棋机并不真正存在，它们只是一些机械师想出的骗人的把戏罢了。所以，我们完全不用担心自己的棋艺会受到这种机器的威胁。面对我们复杂多样的走法，能够自动应对，并做出完美选择的机器只存在于人们的幻想之中。

不过，随着科技的迅速发展，近年来很多人的棋艺确实开始受到机器的威胁。现在确实有了自动弈棋机。这种会"下棋"的机器其实就是我们前面所提到的运算能力非常强的计算机。

计算机只会根据事先编好的程序，按照一定的步骤进行数据的运算，别的什么都不会做。所以要想让计算机"下棋"，首先必须根据下棋的战术写出程序。下棋的战术可以理解为下棋过程中走棋的规则。这套规则必须能够为每个棋子的每个位置选择出最好的走棋路线。这一部分一般由数学家完成。

下面就是一个给每个棋子规定了特定分值的战术：

国王·················+200 分

皇后·················+9 分

车···················+5 分

象···················+3 分

马···················+3 分

卒·················· +1 分

落后卒·············· −0.5 分

被困卒·············· −0.5 分

并卒················ −0.5 分

除了给棋子规定分值之外，诸如棋子是否位于中心位置，棋子的灵活性，等等，也可以用来判断棋子所在位置的优劣。不过，位置的优势占不到一分。用白子的总分减去黑子的总分，所得的差值如果是正的，那么就代表持白子的一方暂时占有优势，如果是负的，则代表持黑子的一方暂时占有优势。从这种差值就能看出双方在阵容上的优劣。

由于计算机的运算速度非常快，所以它走一步棋所用的时间很短，在下棋过程中，我们不必担心会出现"时间不足"的现象。计算机在下棋的过程中，会通过计算来判断在三步之内怎样使这种差值的改变最大。然后从这三步可能的走法中选择一个最佳方案，在专门的卡片上将它打印出来。这样，"一步棋"① 就算走完了。

提前想出三步棋走法的机器只能算是一个初级的玩家。但是我们也不要灰心，因为计算机的"棋艺"势必会随着计算机技术的发展而发展，所以，可能用不了多久，这个初级的玩家就会发展成高水平的"棋手"② 了。

---

① 这只是下棋过程中所运用的诸多战术中的一种。除此之外，还有许多其他的战术，比如，有时在下棋过程中，棋手更关注的是对手诸如吃子、将军、进攻、防守等"关键"步的走法，而不是过多地去考虑对手回棋的可能走法。遇到比较强劲的对手时，棋手也不只会算出三步的最佳方案。另外，棋子的分值也不只有一种表示形式，随着战术的变化，计算机的"下棋风格"也不断发生着变化。

② 一个高水平的棋手，通常会提前计算出 10 步或者 10 步以上的最佳走法。

因为下棋时可能出现的棋局非常多，所以关于"下棋"的编程问题非常复杂。为了让大家更好地了解计算机"下棋"的秘密，在下一章里我们会向大家介绍一些比较简单的计算机程序。

1.12　三个 2

[题] 你见过第三级"超乘方"吗？如果我们把三个 x 摆成如下形式：

$$x^{x^x}$$

那么所得的数字就是 x 的第三级"超乘方"。9 的第三级"超乘方"是一个大得超乎我们想象的数字，甚至连宇宙间的天文数字跟它比起来都不算什么。

现在有三个 2，在不使用任何运算符号的情况下，请问以什么方式组合，所得的数字最大？

[解] 我们前面说了，9 的第三级"超乘方"是一个大得不可思议的数字，如果你被这个数字干扰，从而认为 2 的第三级"超乘方"是三个 2 在不使用任何运算符号的情况下，所能得到的最大的数，那就错了。

通过计算，我们不难得出：

$$2^{2^2} = 2^4 = 16$$

16 甚至还没有 222 大，它显然不是我们要求的结果。

那么我们所求的结果应该是什么呢？

下面，我们计算一下其他摆法：

$$2^{22} = 4\ 194\ 304$$

$$22^2 = 484$$

很明显，2^{22} 应该是三个 2 在不使用任何运算符号的情况下所能得到的最大的数字。

这道题目说明了一个道理：不能用类推的方法去做所有数学题，因为，有时候这种方法所得的结论是错误的。

1. 13　三个 3

我们已经知道不能用简单的类推去解所有的数学题，现在，我们解一解下面这道题吧。

[题] 三个 3 在不使用任何运算符号的情况下，应该以怎样的方式组合，所得的数字最大？

[解] 我们可以先试一下上面提到的第三级"超乘方"，但是，所得到的结果显然不符合要求，因为

$$3^{3^3}$$

就是 3^{27}，明显要比 3^{33} 小。所以，3^{33} 才是这个问题的正确答案。

1.14 三个4

[**题**] 在不使用任何运算符号的情况下，请问以什么方式组合三个4，所得的数字最大？

[**解**] 此时，如果我们根据三个2和三个3的摆法来推理的话，得到的答案将是

$$4^{44}$$

这个答案是不对的。因为4的第三级"超乘方"

$$4^{4^4}$$

恰好是所有摆法中最大的。因为 $4^4 = 256$，256显然要比44大，所以 4^{256} 要比 4^{44} 大。

1.15 相同的三个数

为什么有的用三层摆法得出的结果最大，而另外一些则不是呢？现在我们来深入地讨论一下这种让人迷惑的现象，先从普遍的情形开始分析。

[**题**] 在不使用任何运算符号的情况下，请问三个相同的数字（大于1）以什么方式组合，所得的数字最大？

[**解**] 设三个相同的数字为 a，当按照 2^{2^2}，3^{3^3}，4^{4^4} 的摆法时，所得的最大数字可以表示为

$$a^{aa} = a^{11a}$$

而同样的一个数字，写成它的第三级"超乘方"则是

$$a^{a^a}$$

问题的关键在于，当 a 是什么数值的时候，用三层摆法所得到的数字 a^{a^a} 会大于 a^{11a}。由于这两个式子是以同一个数字（大于 1 的数字）做底数的乘方，所以我们只需要比较它们指数的大小就行，指数越大，整个乘方的值就越大。现在让我们计算一下，什么情况下 a^a 的值会大于 $11a$。

要使 $a^a > 11a$，只需将不等式的两端同时除以 a，这样就可以得到如下不等式：

$$a^{a-1} > 11$$

因为

$$4^{4-1} > 11$$

而 3^2 和 2^1 都小于 11。所以，通过解上述不等式可知，只有当 a 的值大于 3 时，a^{a-1} 才会比 11 大。

由此，我们终于明白了我们在解答前面几个题目时所碰到的那个让人迷惑的问题。当数字是 2 和 3 时，用 a^{11a} 所摆出的数字最大，而当数字大于等于 4 时，就要用三层摆法来摆了。

1.16 四个1

[**题**] 在不使用任何运算符号的情况下，四个1以什么样的方式组合，所得的数字最大？

[**解**] 由于任何数的1次方都与它本身相等，所以在解答这道题目的时候，我们很容易认为 1 111 就是所要求的最大结果。这个结果其实是错误的。之所以得出这样的结果，是因为我们忽略了另一个数字——11^{11}。

11^{11} 要比 1 111 大很多很多。求这个数值的大小时，我们可以借助对数表，利用对数表可以很快地查出这个数字的近似值。因为大部分的人显然没有耐心拿 11 累乘 10 次。

11^{11} 是个非常庞大的数字，甚至比 2 850 亿还要大，也就是说，它比 1 111的2.5 亿倍还要大。

1.17 四个2

[**题**] 下面，我们对上面这道题目做一点延伸：

当有四个2时，我们要怎么摆，才能得出最大的数字呢？

[**解**] 四个2一共能产生8种摆法，即

$$2\ 222,\ 222^2,\ 22^{22},\ 2^{222}$$

$$22^{22},\ 2^{222},\ 2^{2^{22}},\ 2^{22^{2}}$$

这 8 种摆法中，哪个得到的数值最大呢？

先看第一行中用两层摆法所得到的这几个数。

在第一行中，第一个数 2 222 显然是最小的。

如果想更加方便地比较后面两个数——222^{2} 和 22^{22} 的大小，我们可以把 22^{22} 换一种写法：

$$22^{22}=22^{2\times11}=\left(22^{2}\right)^{11}=484^{11}$$

对于 484^{11} 来说，无论是底数，还是指数，都比 222^{2} 大。因此 22^{22} 要比 222^{2} 大。

现在我们再拿 22^{22} 去与第一行的最后一个数 2^{222} 比较一下大小。

由于

$$32^{22}=\left(2^{5}\right)^{22}=2^{110}$$

$222>110$，所以 2^{222} 自然要大于 32^{22}。而 32^{22} 又比 22^{22} 大，所以，2^{222} 要比 22^{22} 大。

经过上面的比较可知，第一行中，最大的数字是 2^{222}。

下面让我们从剩下的 5 个数中找出最大的数。用第一行的最大数 2^{222} 和第二行的 4 个数进行比较：

$$22^{22},\ 2^{222},\ 2^{2^{22}},\ 2^{22^{2}}$$

首先，$2^{22}=16$，16 比 222 小得多，所以最后一个数字可以排除掉。其次，22^{22} 相当于 22^{4}，22^{4} 小于 32^{4}，所以 22^{4} 比 2^{20} 要小，因此 22^{4} 比 2^{222} 小得多，也可以排除掉。这样一来，就只剩 3 个数字了。而所剩下的这 3 个数又都是以 2 为底的乘方，我们只需要比较它们的指数就可以了。这 3 个数的指

数分别为

$$222，484，2^{22}(2^{10\times2}\times2^2\approx10^6\times4)$$

其中，2^{22} 显然是最大的。因此 $2^{2^{22}}$ 是用四个 2 所能写出的最大的数。

在不使用对数表的情况下，我们可以利用下面的近似等式来求出 $2^{2^{22}}$ 的近似值。

由于

$$2^{10}\approx10^3$$

所以

$$2^{22}=2^{20}\times2^2\approx4\times10^6$$

$$2^{2^{22}}\approx2^{4\,000\,000}>10^{1\,200\,000}$$

也就是说，$2^{2^{22}}$ 是一个 100 万位以上的庞大数字。

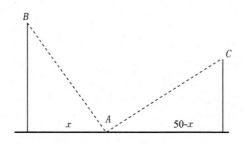

Chapter 2
代数的语言

2.1　透过碑文看刁藩都的生平

[题] 古希腊有一位著名的数学家叫刁藩都，由于史料的缺失，我们对他的生平知之甚少。现在我们所知道的关于他的少量信息，也是从他墓碑上的碑文中得来的。他墓碑上的碑文的形式完全就是一道数学题，我们可以试着把他碑文上的普通语言转化为代数的语言来看（表2-1）：

表 2-1

普通的语言	代数的语言
过路人！这里埋的是刁藩都的尸骨，下面的文字可以告诉你他的寿命有多长	x
幸福的童年占据了他生命的六分之一	$\dfrac{x}{6}$
又过了人生的十二分之一，他开始进入青年时代	$\dfrac{x}{12}$
结婚后，他幸福地度过了生命的七分之一，没有孩子	$\dfrac{x}{7}$
再过五年，他的第一个孩子出生了，他感到非常幸福	5
就这样过了人生的二分之一，厄运降临，他的儿子不幸去世	$\dfrac{x}{2}$
儿子的去世让他陷入悲痛之中，四年后，他撒手人寰	$x = \dfrac{x}{6} + \dfrac{x}{12} + \dfrac{x}{7} + 5 + \dfrac{x}{2} + 4$
请问，刁藩都的寿命有多长	

[**解**] 通过解方程，我们可以知道，刁潘都活到了 84 岁。根据这个数字，我们还可以推断出关于他生平的这些信息：刁潘都 21 岁结婚，38 岁得子，80 岁儿子去世，84 岁自己去世。

2.2 负重的马和骡子

[**题**] 一匹马和一头骡子驮着重重的行李并排向前走着。如果我们把马背上的包裹拿下来一个，放到骡子背上，那么马背上所驮的东西的质量就只有骡子的一半。而如果我们把骡子背上的包裹拿下来一个，放到马背上，那么，它们俩所驮的东西的质量就相等。

问：假设每个包裹的质量都是相等的，那么，马和骡子各驮了多少个包裹？

[**解**] 根据表 2 – 2，我们可以把这个问题转化为一个含有两个未知数的方程组：

$$\begin{cases} y + 1 = 2(x - 1) \\ y - 1 = x + 1 \end{cases}$$

即

$$\begin{cases} 2x - y = 3 \\ y - x = 2 \end{cases}$$

通过解上面的方程组，我们可以求出：$x = 5$，$y = 7$。所以，马应该驮了 5 个包裹，而骡子则应该驮了 7 个包裹。

表 2 – 2

假如从马背上拿一个包裹过来	$x-1$
骡子背上所驮的东西	$y+1$
就会是马的两倍重	$y+1=2(x-1)$
而假如从骡子的背上拿一个包裹回去	$y-1$
马背上所驮的东西	$x+1$
和骡子一样多	$y-1=x+1$

2.3　四兄弟各有多少钱

[题]　四兄弟最初共有 45 卢布。为了使每个人手里的钱都一样多，需要把老大的钱增加 2 卢布，老二的钱减少 2 卢布，老三的钱增加到原来的 2 倍，老四的钱减少到原来的一半。问：四兄弟本来各有多少钱？

[解]　根据表 2 – 3，把最后一个连等的方程写成 3 个等式：

$$x+2=y-2$$
$$x+2=2z$$
$$x+2=\frac{t}{2}$$

由上面的等式，我们可以推出：

$$y=x+4$$
$$z=\frac{x+2}{2}$$
$$t=2x+4$$

将 y，z，t 的表达式代入第一个方程后，就能得到：

$$x + x + 4 + \frac{x+2}{2} + 2x + 4 = 45$$

解这个方程，可以求出 $x = 8$。把 x 的值代入最后一个 y，z，t 的表达式中，就可以求出 $y = 12$，$z = 5$，$t = 20$。所以，一开始的时候，老大有 8 卢布，老二有 12 卢布，老三有 5 卢布，老四有 20 卢布。

表 2 – 3

四兄弟共有 45 卢布	$x + y + z + t = 45$
如果老大的钱增加 2 卢布	$x + 2$
老二的钱减少 2 卢布	$y - 2$
老三的钱增加到原来的 2 倍	$2z$
老四的钱减少到原来的一半	$\dfrac{t}{2}$
每个人所持有的钱一样多	$x + 2 = y - 2 = 2z = \dfrac{t}{2}$

2.4　两只鸟

[题] 假设河边隔岸相对的位置上长着两棵棕榈树。两棵树之间的距离为 50 肘尺（肘尺是古代的长度计量单位，一肘尺相当于肘节到中指尖的长度），其中一棵树的高度为 30 肘尺，另一棵树的高度为 20 肘尺。当河水中游过一条小鱼时，停在两棵棕榈树树顶的两只鸟同时发现了它。它们同时扑向水中，并在相同的时刻抓到了这条鱼。请问，这条鱼距离 30 肘尺高的棕榈树的树根有多远？

[解] 根据图 2 – 1，利用勾股定理可以列出如下方程：

$$AB^2 = 30^2 + x^2$$

$$AC^2 = 20^2 + (50 - x)^2$$

因为两只鸟到达 A 点所用的时间相同，所以 AB 和 AC 这两段距离是相等的，即 $AB = AC$。这样，上面的方程就可以转化为 $30^2 + x^2 = 20^2 + (50 - x)^2$。

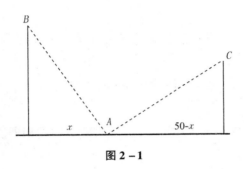

图 2 - 1

经过化简，可以得到一个一次方程 $100x = 2\ 000$，解这个方程可得，$x = 20$。也就是说，这条鱼出现的地方离高 30 肘尺的棕榈树的树根有 20 肘尺。

2.5 散步的问题

[题] 一位老医生约一个年轻人到他家里玩。为了在路上相见，两人约好，年轻人下午 2 点 45 分从家里出发，以每小时 4 千米的速度前往老医生家，老医生下午 3 点出门，以每小时 3 千米的速度沿着年轻人来的方向迎接他。两人相遇以后，老医生掉过头，带年轻人一起朝着自己家里走去。晚上，回到家以后，年轻人计算了一下，他所走的路程竟然是老医生所走的路程的 4 倍。

问：老医生家与年轻人家的距离有多远？

[**解**] 设老医生家与年轻人家之间的距离是 x 千米。

由题意可知，在整个过程中年轻人一共走了 $2x$ 千米，而老医生走的只有年轻人的 $\frac{1}{4}$，也就是 $\frac{x}{2}$ 千米。相遇以前，老医生走了他所走的总路程的一半，也就是 $\frac{x}{4}$ 千米，而年轻人则走了 $\frac{3x}{4}$ 千米。由于医生每小时走 3 千米，而年轻人每小时走 4 千米，所以相遇之前，老医生走了 $\frac{x}{12}$ 小时，而年轻人走了 $\frac{3x}{16}$ 小时。此外，年轻人提前了 15 分钟出发，即在相遇之前，他在路上所花费的时间比老医生多了 $\frac{1}{4}$ 小时。因此我们可以列出方程：

$$\frac{3x}{16} - \frac{x}{12} = \frac{1}{4}$$

解方程可得，$x = 2.4$。

也就是说，老医生家与年轻人家的距离有 2.4 千米。

2.6 割草人

[**题**] 一个割草队商定要把两片草地上的草全部割完。我们假设，每个人割草的速度是一样的。割大块草地的草用了一天的时间，上午，整队人都参与了这项劳动；下午，这队人被平均分成了两组，其中一组用半天时间割完了大块草地上的草，而另一组把小块草地上的草割得只剩下一个人

用一天时间可以割完的量。

已知大块草地的面积是小块草地的两倍，请问，这个割草队一共有多少人？

[解]　在这道题中，除了作为主要未知数的割草队的人数 x 之外，还需要用到一个辅助的未知数，也就是每个人一天刚好割完的草的面积，我们设这个值为 y。虽然题目并没有要求我们求出这个未知数，但是有了这个未知数以后，我们求主要的未知数的时候要容易许多。

我们先用 x 和 y 来表示出面积较大的草地的面积。由题意可知，上午，x 个人所割的草地的面积是：

$$x \times \frac{1}{2} \times y = \frac{xy}{2}$$

下午，半队人所割的草地的面积为：

$$\frac{x}{2} \times \frac{1}{2} \times y = \frac{xy}{4}$$

因为一天的时间刚好把整片草地割完，所以较大块的草地的面积为：

$$\frac{xy}{2} + \frac{xy}{4} = \frac{3xy}{4}$$

接下来，用 x 和 y 来表示出面积较小的那块草地的面积。半队人用半天时间割掉的草地的面积是 $\frac{x}{2} \times \frac{1}{2} \times y = \frac{xy}{4}$。而剩下的那一块的面积恰好就是一个人一天所割草地的面积，也就是 y，将割完的和剩下的面积相加，得出小块草地的面积，也就是：

$$\frac{xy}{4} + y = \frac{xy + 4y}{4}$$

又因为大块草地的面积是小块草地的两倍，可以得出如下方程：

$$\frac{3xy}{4} \div \frac{xy+4y}{4} = 2$$

$$\frac{3xy}{xy+4y} = 2$$

约去辅助的未知数，可以得到如下方程：

$$\frac{3x}{x+4} = 2 \text{ 或 } 3x = 2x+8$$

解这个方程，可以得出 $x=8$。

所以，这个割草队一共有 8 个人。

在这本《趣味代数学》第一版出版后，我收到了青格尔教授写给我的一封详细并十分有意思的信。他在信中提到了这个问题。他认为，这个问题的主要意义其实在于："它其实完全不能算是一道代数题，而只是一道简单的算术题，不用死板的公式我们就能很快解决它。"

青格尔教授继续写道："这道题的来源是这样的。以前，我的父亲和我的叔叔伊·拉耶夫斯基（伊·拉耶夫斯基是列夫·托尔斯泰的好朋友）一起在莫斯科大学的数学系读书。在数学系的课程中并没有很多关于教学方法的东西，为了与有经验的中学老师合作探讨教学方法，学生们需要到与大学对口的城市民众中学去学习。我父亲和叔叔的同学当中有一个叫彼得罗夫的，据说他是个特别有天赋而且见解独到的人，他觉得课堂上所教的解答算术题的方法对学生来说太有害了，僵化死板的教学模式会毁了学生。为了证明自己的想法，他发明了一套题。关于割草人的这道题就是他所发明的那套题中的一道。他所发明的那套题非常灵活，难住了很多'有经验的出色的中学教师'。但是那些还没有被僵化的教学模式所'毒害'的学生却很轻易地就解出了这些题目。我们前面所讲的关于割草人的问题就是其中之一。有经验的教师们通过列方程式的方法可以很轻易地解出它，但是，还有一种更简单的方法却被他们忽略了。"

这道题其实一点也不难，只需要用算术就可以解出来了，完全可以不用代数方程式。

因为大块草地需要用全队人割上半天，然后再由半队人割上半天才能割完，所以我们很容易就能推断出来，半队人半天能割掉大块草地的$\frac{1}{3}$。由于小块草地的面积是大块草地的一半，所以，半队人割了半天后，小块草地剩下的部分就是大块草地面积的$\frac{1}{2}-\frac{1}{3}=\frac{1}{6}$。而一个人一天能割完小块草地剩下的部分，即大块草地面积的$\frac{1}{6}$，由此，我们可以算出第一天所割的草地的总面积，即$\frac{6}{6}+\frac{1}{3}=\frac{8}{6}$。所以，这个割草队共由 8 个割草人组成。

托尔斯泰一生非常喜欢这种有变化但是又不是特别难的问题。他听别人讲到这个题目的时候非常高兴，他认为借助图来解这个题目，即使是非常简单的图（图 2 - 2），也能使这个问题变得一目了然。

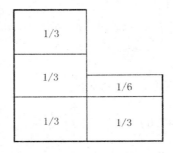

图 2 - 2

下面我们将要讲到的几个题目，只要用些巧妙的算术方法，就能变得非常简单。

2.7　牧场上的问题

[题] 牛顿在阐述理论的时候，总是喜欢结合实例来说明。他认为，在学习科学的过程中，做题比死记硬背那些规则更有用。在牛顿所列举的众多实例当中，有一个牛吃草的问题非常经典，我们下面要讲的这道题就是在牛顿问题的基础上演化而来的。

在契诃夫的小说《家庭教师》中有一个非常搞笑的故事情节。家庭教师给他的学生出了这样一道题：

牧场上的草长得一样密，生长的速度也一样快。已知，要吃完牧场上的草，70 头牛需要用 24 天，而 30 头牛则需要用 60 天。那么，如果要在 96 天内把牧场上的草吃完，需要多少头牛？

学生接到这个题目以后，就找了两个成年的亲戚来帮他做。做了很久也没有结果，他们感觉非常困惑：

其中一个亲戚认为这是一个很简单的问题，甚至完全用不着思考，答案当然是 70 的 $\frac{1}{4}$（即 24/96），也就是 $17\frac{1}{2}$ 头牛。这显然不对，让我们再看看下一个条件：30 头牛用 60 天可以把草吃完，多少头牛用 96 天能吃完这些草？结果是：$30 \times \dfrac{60}{96} = 18\dfrac{3}{4}$ 头，显然也不对。还有，题目本身也有一些让人困惑的地方，既然 70 头牛吃完草需要用 24 天，那么 30 头牛要吃完它只要用 56 天就行了，但是题目中却说要 60 天。

另一个亲戚说道："你没有把草一直在生长这个条件考虑进去吧？"

这句话非常对。草是不停生长的，如果不把这个因素考虑进去，不仅这个题目解不出来，我们甚至会怀疑题目本身的正确性，觉得题中所给出的条件都是自相矛盾的。

那么到底应该怎样解答这道题目呢？

[解] 在这里，我们需要用一个辅助的未知数来表示每天长出的草在牧场上草的总量中所占的比重。设每天长出的草为 y，那么 24 天就能长出 $24y$；假设牧场上草的总量是 1，那么 24 天里 70 头牛吃掉的草的总量就是 $(1+24y)$。那么这群牛一天吃掉的草的量就是：

$$\frac{1+24y}{24}$$

由此可以看出一头牛一天吃掉的草的量就是：

$$\frac{1+24y}{24 \times 70}$$

同理，由于 30 头牛用 60 天可以把牧场上的草吃完，所以，一头牛一天吃掉的草的量就是：

$$\frac{1+60y}{60 \times 30}$$

由于每头牛每天吃掉的草的量是一样的。我们可以列出下面的方程：

$$\frac{1+24y}{24 \times 70} = \frac{1+60y}{60 \times 30}$$

解这个方程可以得出：

$$y = \frac{1}{480}$$

根据这个已经算出了的每天长出的草占牧场上草的总量的比重 y，再利用下面的方程，我们很容易就能求出一头牛一天吃掉的草的量占原来牧场上草的总量的比重：

$$\frac{1+24y}{24 \times 70} = \frac{1 + 24 \times \dfrac{1}{480}}{24 \times 70} = \frac{1}{1\,600}$$

我们设所求的牛的数量是 x，列出最后解这道题的方程：

$$\frac{1 + 96 \times \dfrac{1}{480}}{96x} = \frac{1}{1\,600}$$

解这个方程，可得：

$$x = 20$$

因此，如果要在 96 天内把牧场上的草吃完，就需要 20 头牛。

2.8 牛顿关于牛的母题

[题] 我们上面所讲的题目就是从牛顿关于牛的数量的原题衍生出来的。这个题目并不是牛顿自己想出来的，而是人们在长期的数学学习过程中创造出来的。现在，让我们来看看牛顿的原题。

有三个面积分别为 $3\dfrac{1}{3}$ 公顷、10 公顷和 24 公顷的牧场。三个牧场上的草都长得一样密，生长速度也一样快。第一个牧场如果饲养 12 头牛的话，可以吃 4 个星期；第二个牧场如果饲养 21 头牛的话，可以吃 9 个星期。问：在第三个牧场上饲养多少头牛可以恰好吃 18 个星期?

[**解**] 跟前面一样，要解这道题，我们需要设一个辅助的未知数，用来表示一个星期里面 1 公顷牧场上长出的草占原来的草的总量的比重。现在，我们设这个比重为 y。则第一个牧场上一个星期所长出的草是 1 公顷牧场上原有草的总量的 $3\frac{1}{3}y$ 倍。那么，4 星期的时间第一个牧场上长出的草就是 1 公顷牧场上原有草的总量的 $3\frac{1}{3}y \times 4 = \frac{40}{3}y$ 倍。这就相当于把原来的第一个牧场的面积增加到了

$$3\frac{1}{3} + \frac{40}{3}y$$

公顷。也就是说，牛吃掉的是面积为 $\left(3\frac{1}{3} + \frac{40}{3}y\right)$ 公顷的牧场上的草。12 头牛用 4 个星期可以把草吃完，也就是说，每个星期牛可以吃占总草量的 $\frac{1}{4}$ 的牧草。那么，一头牛一星期吃掉的草就是总草量的 $\frac{1}{48}$，据此我们可以列出下列等式：

$$\left(3\frac{1}{3} + \frac{40}{3}y\right) \div 48 = \frac{10 + 40y}{144}$$

也就是说，一头牛每个星期所吃的草是 $\frac{10 + 40y}{144}$ 公顷的牧场上的草量。

同理，我们也可以从已知的条件中推算第二个牧场上一头牛一个星期可以吃掉的草的面积：

1 个星期里，1 公顷草地长出的草为 y。

那么 9 个星期里，10 公顷草地上长出的草的总量就是 $90y$。

所以 21 头牛在 9 个星期的时间内吃掉的其实是（$10+90y$）公顷的牧场上草的总量。

那么每头牛每个星期吃掉的草的面积是

$$\frac{10+90y}{9\times21}=\frac{10+90y}{189}$$

公顷。由于每头牛每个星期吃掉的草的量是相等的，所以我们可以据此列出等式：

$$\frac{10+40y}{144}=\frac{10+90y}{189}$$

解这个方程可以得出：$y=\dfrac{1}{12}$。

下面，让我们来求一下可以让 1 头牛吃一个星期的牧场的面积是多少：

$$\frac{10+40y}{144}=\frac{10+40\times\dfrac{1}{12}}{144}=\frac{5}{54}（公顷）$$

最后，我们假设第三个牧场上牛的头数为 x，然后列出方程：

$$\frac{24+24\times18\times\dfrac{1}{12}}{18x}=\frac{5}{54}$$

解这个方程可以得出：$x=36$。也就是说，在第三个牧场上饲养 36 头牛可以恰好吃 18 个星期。

2.9 表针的对调问题

[题] 著名物理学家爱因斯坦生病的时候，为了逗他开心，他的一个做传记作者的朋友莫希柯夫斯基给他出了下面这道题（图2-3）：

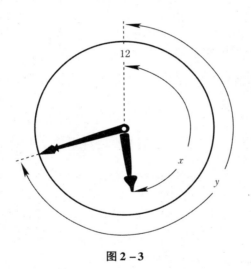

图2-3

"假设表针的初始位置是在12点。在这个位置，如果把较长的分针和较短的时针对调一下，它们所指示的时间还是存在的。但是在很多别的时候，把两针对调之后所出现的结果就不合理了，比如6点的时候，我们如果把两针对调，出现的结果就是正常情况下不可能出现的：这个时候时针指向12而分针指向6。这种位置关系是不合理的。由此可以引出这样一个问题：表针处在什么位置的时候，即使两针对调，所得的新位置显示的仍然是可能存在的时间？"

爱因斯坦回答道："非常好，这个问题十分有趣而且也不是特别简单，非常适合躺在病床上的人。只是对于我来说，它恐怕消磨不了多少时间，我已经快解出来了。"

爱因斯坦从床上坐起来，用几笔在纸上勾出了一个草图来表示问题的条件。他解这个问题所用的时间甚至不超过莫希柯夫斯基叙述这个问题所用的时间……

那么，他是怎样解答这道题的呢？

[**解**] 首先，我们不妨把表盘圆周分成相等的 60 份，并以每份为单位，来计算表针从 12 开始所走的距离。

假设在时针从 12 起走了 x 个刻度，分针走了 y 个刻度之后，达到了符合题目要求的位置。时针走过 60 个刻度需要 12 个小时，这也就是说，时针每小时能走 5 个刻度，那么它走过 x 个刻度所需的时间就是 $\dfrac{x}{5}$ 小时。换句话说，就是在表走到 12 点之后，又过了 $\dfrac{x}{5}$ 小时。每个小时有 60 分钟，所以分针走过 y 个刻度所用的时间就是 $\dfrac{y}{60}$ 小时。也就是说，分针是在 $\dfrac{y}{60}$ 小时之前经过数字 12 的。换言之，两根指针在 12 的地方重合之后又过了 $\left(\dfrac{x}{5} - \dfrac{y}{60}\right)$ 小时。由于 $\left(\dfrac{x}{5} - \dfrac{y}{60}\right)$ 这个数所表示的是 12 点之后又过去了几个整小时，所以这个数是从 0 到 11 之间的一个整数。

当两根指针的位置调换了之后，我们可以用同样的方法求出从 12 点到

调换后的时间为 $\left(\dfrac{y}{5}-\dfrac{x}{60}\right)$ 小时。这个数也是个从 0 到 11 之间的整数。

根据这些，我们可以列出联立方程：

$$\begin{cases} \dfrac{x}{5}-\dfrac{y}{60}=m \\[3mm] \dfrac{y}{5}-\dfrac{x}{60}=n \end{cases}$$

由这个联立方程我们可以解出：

$$x=\frac{60(12m+n)}{143}$$

$$y=\frac{60(12n+m)}{143}$$

在这个方程中，m 和 n 都可以任取从 0 到 11 之间的整数。所以，要想确定全部所求表针的位置，只要把从 0 到 11 之间的全部整数都代入到上述的方程中就可以了。由于 m 可以取的 12 个数中任何一个都可以与 n 可以取的 12 个数中的任意一个组合，所以，很多人会觉得这道题应该有 $12 \times 12 = 144$ 个解。实际上，不是这样。由于 m、n 均为 0 时与 m、n 均为 11 时表针所处的都是同一个位置，也就是 12 点。所以，这道题其实只有 143 个解。

我们不讨论所有可能出现的情况，只找两个例子来看一看。

第一例：

当 $m=1$，$n=1$ 时，

$$x=\frac{60 \times 13}{143}=5\frac{5}{11},\ y=5\frac{5}{11}$$

对应的时刻也就是 1 点 $5\dfrac{5}{11}$ 分，此时时针和分针是重合在一起的；时针和分针重合在一起的时候，它们当然可以彼此对调。

第二例：

当 $m=8$，$n=5$ 时，

$$x = \frac{60(5+12\times 8)}{143} \approx 42.38$$

$$y = \frac{60(8+12\times 5)}{143} \approx 28.53$$

这时所指的时刻应该分别是 8 点 28.53 分和 5 点 42.38 分。

当我们把表盘的圆周平均分成 143 份时，所得到的平分点就是这道题的解。表针指向这样的点时，把时针和分针对调，它们所指的时间仍然存在。而当表针指向这 143 个点之外的那些点时，如果对调时针和分针，它们所指的时间将会是不合理的。

2.10　表针的重合位置

[题]　在 12 个小时内，一只正常走动的钟表，分针和时针位置重合的点有几个？

[解]　我们知道，时针和分针重合的时候可以对调位置，而且对调之后所指示的时间也没有变化。所以我们还可以使用解上面那个题目时所推导出来的联立方程。只是由于时针和分针重合的时候，它们从 12 开始走过了同样个数的刻度，也就是说，x 的值和 y 的值是相等的。根据对前面问题的分析，我们就可以建立这样的方程组：

$$\begin{cases} x=y \\ \dfrac{x}{5} - \dfrac{y}{60} = m \end{cases}$$

在这个方程组中，m 可以任取从 0 到 11 之间的整数。解这个方程组得出：

$$x = \frac{60m}{11}$$

m 有从 0 到 11 一共 12 个可能的取值。但是由于 $m=0$ 时和 $m=11$ 时，指针都是指在 12 点的位置上，所以表针重合的位置只有 11 个。

2.11　猜数游戏

读者朋友应该都玩过猜数字的"游戏"，在玩这种游戏的时候，出题人一般会建议你先想好一个数字，然后加上 2，乘以 3，减去 5，再减去你原来所想的那个数字……这样经过五步或者十步之后，他会问你最后的结果，当你说出你的结果以后，他立刻就能说出你原来想的那个数字是什么。

这种游戏看起来很神奇，其实原理非常简单，它就是通过解方程来实现的。

玩游戏时，出题人让你完成的运算程序如下面表 2-4 左边一栏所示：

表 2-4

想好一个数	x
将这个数加 2	$x+2$
用所得的结果乘以 3	$3x+6$
再减去 5	$3x+1$
减去你原来所想的那个数字	$2x+1$
乘以 2	$4x+2$
减去 1	$4x+1$

在完成上面的一系列运算程序之后，出题人会让你告诉他最后的结果，听了你的回答之后，他马上就会说出你最开始时所想的那个数。他究竟是怎么做到的呢？

其实非常简单，只要看一下表 2 – 4 里的右边一栏你就明白了。出题人其实事先把要让你做的事转换成了代数语言。从右边一栏里我们很容易就能看出，如果你一开始想到的数字是 x，那么经过上面一系列运算之后，得到的结果就是 $(4x+1)$，比如，当你告诉他最后的结果是 33 时，他的头脑中立刻就会列出这样一个方程式 $4x+1=33$。如此简单的方程式，当然能迅速地得出结果 $x=8$ 了。同样道理，当你说出的是其他数字的时候，他也是用同样的方法计算出来的。这就不难理解为什么当你说出最后的结果之后，他可以立刻说出你一开始所想的数字了。

所以，这是一件非常简单的事情，出题人在玩游戏之前就想好了要怎样根据你给出的结果计算出你之前所想的数字。

明白了这些之后，为了让你的同伴觉得更加神奇，你还可以试着"升级"这种数字游戏。比如，你可以让你的玩伴自己来决定对他所想的数字进行什么样的运算程序。玩的时候，你可以让他想好一个数，然后允许他以任何顺序进行，例如加上或者减去一个数，乘上一个数，加上或减去他预先想好的那个数……为了把你搞迷糊，你的玩伴一定会说出许多步的运算。

比如，当你的玩伴想好了一个数字以后，他便会一边默默地计算，一边告诉你，他要将这个数乘以 2，加上 3，再加上他一开始所想的数；然后再加上 1，乘以 2，减去开始时所想的数，减去 3，减去一开始所想的数，减去 2。最后，再把所得的结果乘以 2，加上 3。

　　他以为已经把你弄糊涂了，便得意扬扬地告诉你，结果是 49。却没有料到你立刻告诉了他，一开始时他所想的那个数字是 5。这个正确答案让他目瞪口呆，觉得非常神奇。

　　你的做法其实也非常简单。当你的玩伴想好了一个数时，你心里就产生了一个未知数 x，当他用所想的数乘以 2 时，你就对 x 进行同样的运算，这时你的结果就是 $2x$。接着，他用所得结果加 3，你的结果就变成了 $(2x+3)$……就这样，一直到他以为已经把你绕晕，做了上面所有的运算之后，你就得到了如表 2-5 右边一栏所示的结果：

表 2-5

我想好了一个数	x
乘以 2	$2x$
加上 3	$2x+3$
加上开始时所想的那个数	$3x+3$
加上 1	$3x+4$
乘以 2	$6x+8$
减去开始时所想的那个数	$5x+8$
减去 3	$5x+5$
减去开始时所想的那个数	$4x+5$
减去 2	$4x+3$
最后，用所得的结果乘以 2	$8x+6$
加上 3	$8x+9$

最后，你就得到了一个关于 x 的表达式 $8x+9$，这个表达式的值就是他所说的运算结果。这时他告诉你运算的结果是 49，那么你就可以列出方程 $8x+9=49$，这是个非常简单的方程，所以你很快就可以告诉他，他一开始所想的那个数是 5。

在这个游戏中，你的玩伴自己想做什么运算就做什么运算，而并不是你告诉他要做什么运算，所以与前面那个游戏相比，会更加好玩。只要稍加练习，你就能跟你的玩伴玩这种"游戏"了。

不过，这种游戏也不总是这么好玩，比如，出现下面这种情况时，我们就很难再把游戏继续下去了。做了一连串的运算之后，你得到了一个关于 x 的表达式（$x+14$），而这时，你的玩伴告诉你下一步运算是减去他一开始所想的数字。你计算以后发现，所得到的只是一个数字 14 而不是什么方程。这样，你是没有办法猜出他所想的数字的。面对这种情况，你应该马上打断你的朋友，然后告诉他，他所得到的结果是 14。他什么也没告诉你，只是一直在运算，你却告诉他一个正确的结果，这一定会让他非常困惑。这样游戏就又变得好玩了。

表 2-6 跟之前的一样，左边是你的玩伴所要求的运算，右边是你的计算过程：

表 2-6

我想好了一个数	x
用它加上 2	$x+2$
乘以 2	$2x+4$
加上 3	$2x+7$
减去我开始时所想的那个数	$x+7$
加上 5	$x+12$
减去我开始时所想的那个数	12

当你得出的式子中不再含有未知数，而只有一个数字 12 时，你就要立即打断你的玩伴，告诉他，他得出的结果是 12。这样，游戏的乐趣就依然在了。

2.12　"荒唐"的数学题

[题]　如果 $8 \times 8 =$ "54"，那么，"84" 应该等于什么？

这道题看起来似乎有点荒谬，但是却非常有意思，下面我们就来试着解答一下。

[解]　如果我们把这道题中的数字看成是十进制的数，那么这道题目根本就不成立，"84 等于什么" 这个问题也就没有任何意义了。这道题中所涉及的数字显然不是按十进制写的。

我们假设题目中的数字是 x 进制的，那么，根据题意可以列出方程：

$$\text{"}84\text{"} = 8x + 4$$

同理，"54" 这个数的表达式也就是 $5x + 4$。

所以，$8 \times 8 =$ "54" 也就可以转化为方程 $8 \times 8 = 5x + 4$，即 $64 = 5x + 4$。解这个方程我们很容易就能得出：$x = 12$。

这个结果说明，这道题中的数字是按十二进制写的。所以也就不难计算出 "84" $= 8 \times 12 + 4$，也就是 100。

这就是说，如果 $8 \times 8 =$ "54"，则 "84" $= 100$。

用同样的方法还能解出一些类似的题目，例如：

当 $5 \times 6 =$ "33" 时，"100" 等于什么？

通过解这个题目我们发现，题目中的数字是九进制的，所以这个问题的答案是81。

2.13　比我们想得更周密的方程

解答下面这道题你会发现，方程有时的确要比我们想得更加周密。

如果现在爸爸32岁，儿子5岁，那么几年之后，爸爸的年纪是儿子的10倍大？

设 x 年之后，爸爸的年纪是儿子的10倍大。x 年之后，爸爸的年纪是 $(32+x)$ 岁，儿子的年纪是 $(5+x)$ 岁。由此我们可以得出如下的方程：

$$32+x=10(5+x)$$

解这个方程，我们得出：$x=-2$。

也就是说，"经过 -2 年" 爸爸的年纪是儿子的10倍大。等同于 "两年前" 爸爸的年纪是儿子的10倍大。当我们列出这个方程的时候，其实并没有预料到，两年前，爸爸的年龄是儿子的10倍大，而今后父亲的年龄绝不能再达到儿子年龄的10倍大。

通过这道题目，我们能够看出，方程其实比我们想得更加周密，它能够提醒我们一些容易疏忽的问题。

2.14　棘手的方程

在解方程的时候，有时候我们会遇到一些比较棘手的方程，没有太多学习经验的人通常会手足无措。下面我们先举几个例子来看看。

[题] 求一个这样的两位数：十位上的数字等于个位上的数字减4。将十位和个位上的数字对调，然后用所得的新数减去原来的两位数，所得的结果等于27。

[解] 我们先设十位上的数字为 x，个位上的数字为 y，然后根据题目中所给的条件，列出一个方程组：

$$\begin{cases} x = y - 4 \\ (10y + x) - (10x + y) = 27 \end{cases}$$

将第一个方程中 x 的表达式代入第二个方程中，可得

$$[10y + (y - 4)] - [10(y - 4) + y] = 27$$

化简之后，等式变为

$$36 = 27$$

这本身就是一个不成立的等式。没有求出要求的未知数，却得出了一个根本不成立的等式，这说明了什么问题呢？

这说明符合题目要求的两位数是不存在的。而且认真观察我们所列的方程组，我们不难发现，这两个方程本身就是互相矛盾的。

化简第一个方程可以得出：

$$y - x = 4$$

而化简第二个方程得出的却是：

$$y - x = 3$$

同样一个表达式 $(y - x)$，第一个结果是4，而第二个结果却是3。4明显不等于3，所以这个方程组肯定是没有解的。

解下面这个方程组也会遇到类似的问题：

$$\begin{cases} x^2 y^2 = 8 \\ xy = 4 \end{cases}$$

两个方程两端分别相除，可以得出：

$$xy = 2$$

但是，把现在得出的方程和方程组中的第二个方程一比，我们又发现：

$$\begin{cases} xy = 4 \\ xy = 2 \end{cases}$$

4 = 2 显然是不成立的。因此这个方程组的解是不存在的。我们把这种没有解的方程组叫作"互不相容"方程组。

[题] 我们把第一道题的条件稍作改变：十位上的数字等于个位上的数字减3。将十位和个位上的数字对调，然后用所得的新数减去原来的两位数，所得的结果等于27。求出这个数字。

[解] 仍然设十位数字是 x，那么个位数字就是 $(x+3)$。将问题转变为代数语言，根据条件可以列出如下方程：

$$[10(x+3) + x] - [10x + (x+3)] = 27$$

化简这个方程之后，我们得到了这样一个等式：

$$27 = 27$$

这个等式的正确性是毋庸置疑的。但是它对于我们求 x 的值没有任何意义。这种情况难道说明此题是无解的？

恰恰相反，这并不说明符合题目的要求的数不存在，而是说明无论 x 取什么值，这个方程都是成立的。因为我们所列的是一个恒等式。通过下面的方法，我们很容易就能证实，任何一个十位上的数等于个位上的数加 3 的两位数都符合该题的条件：

$$14 + 27 = 41，47 + 27 = 74，25 + 27 = 52$$
$$58 + 27 = 85，36 + 27 = 63，69 + 27 = 96$$

[题] 求一个满足如下要求的三位数：

a. 十位数是 7；

b. 百位数等于个位数减去 4；

c. 把这个数的百位数字与个位数颠倒位置，得到的新数比原来的三位数大 396。

[解] 我们先设个位上的数字为 x，根据题目可以列出如下方程：

$$100x + 70 + x - 4 - \left[100(x-4) + 70 + x \right] = 396$$

化简这个方程之后得到如下等式：

$$396 = 396$$

通过前面的讲解，我们已经知道这样的结果表示：任何一个百位数字等于个位数字加 4 的三位数，在颠倒位置之后，得到的新数都会比原来的三位数大 396。

前面我们所讨论的题目多多少少带点人为的性质，有些抽象。这些题能够帮助我们培养列方程和解方程的技巧。现在，我们已经有了一定的理论知识，下面可以从生产、生活、军事、体育等领域找一些实际问题的例子来探讨一下。

2.15　理发师的代数题

[题]　代数可以应用到现实生活的方方面面之中。你可能会惊讶，连理发馆的理发师们都能用到代数知识。以前，就有一个理发师曾经请教过我这样一个问题：

"我们有一个解决不了的问题想请你帮忙，不知道你能不能帮助我们？"

另一个理发师插嘴道："因为这个问题，不知道浪费多少溶液了！"

"到底是什么样的一个问题啊？"我问道。

"为了得到浓度为12%的过氧化氢溶液，我们不知道浪费掉了多少溶液。我们用的是30%和3%两种浓度的溶液，总是找不到合适的配制比例。"

我让他们找来一张纸，很快我就把这个合适的比例计算了出来。这并不是一个复杂的问题，要解决它非常简单。

[解]　对于这道题目，我们既可以用算术的方法来解，也可以用代数的方法来解，但是用方程会更快、更简单地得出答案。我们先假设要做成浓度为12%的溶液需要浓度为3%的溶液 x 克，需要浓度为30%的溶液 y 克。那么，$(x+y)$ 克溶液中，纯过氧化氢的量就是

$$0.03x + 0.3y$$

而由于混合后，过氧化氢的浓度是12%，所以，$(x+y)$ 克溶液中纯过氧化氢的含量还可以用 $0.12(x+y)$ 来表示。

根据上面的推断，我们不难列出方程：

$$0.03x + 0.3y = 0.12(x+y)$$

解这个方程可得：$x = 2y$，也就是说，在配制过程中，所用的 3% 的溶液的量应该是 30% 的溶液的量的 2 倍。

2.16　步行者与电车

[**题**] 已知电车是匀速前进的。为了知道始发站每隔多长时间发出一辆电车，我也沿着电车道匀速前进。在前进的过程中，我发现，每隔 4 分钟就会有一辆电车从我对面开来，而每隔 12 分钟，就会有一辆电车从我背后开来。根据这样的观察结果，我应该怎样计算始发站每发一辆车中间所隔的时间呢？

[**解**] 我们先设每隔 x 分钟就有一辆电车从始发站开出。也就是说，在某一辆电车追上"我"的地方，经过 x 分钟就会又有一辆电车开到"我"身边。在第二辆电车追上"我"之前，它要用 $(12 - x)$ 分钟行驶"我" 12 分钟内走过的距离。也就是说，电车要用 $\dfrac{12 - x}{12}$ 分钟走过"我"用 1 分钟走过的路程。

而当电车是迎面开过来的时候，在第一辆电车经过"我"身边 4 分钟之后，第二辆车就会到达"我"身边，这也就是说，第二辆车必须在 $(x - 4)$ 分钟里行驶"我" 4 分钟所走的路程。即电车要用 $\dfrac{x - 4}{4}$ 分钟走过"我"用 1 分钟走过的路程。

由此，我们可以列出如下方程：

$$\frac{12 - x}{12} = \frac{x - 4}{4}$$

解这个方程，可得：$x=6$。也就是说，每隔6分钟会有一辆电车从始发站开出。

除了用这种代数算法之外，其实我们还可以用另外一种方法来解答这道题。首先，将两辆前后行驶的电车之间的距离设为a。由于每隔4分钟会有一辆电车从"我"对面开来，而每隔12分钟会有一辆电车从"我"后面开来。所以，"我"与迎面开来的电车间的距离以每分钟$\frac{a}{4}$的速度缩短，而与从"我"后面开来的电车之间的距离以每分钟$\frac{a}{12}$的速度缩短。如果"我"先向前走1分钟，然后又马上转身向后走1分钟，回到原来的位置。那么，在第一分钟"我"和第一辆从"我"对面开来的电车之间的距离缩短了$\frac{a}{4}$，而在第二分钟，由于"我"改变行进的方向，原本从我对面开来的电车变为从我后面开来，所以在第二分钟内，"我"与这辆电车之间的距离缩短了$\frac{a}{12}$。经计算，2分钟内"我"和电车之间的距离缩短了$\frac{a}{4}+\frac{a}{12}=\frac{a}{3}$。

2分钟后，"我"所处的位置仍是一开始时的位置，这就说明，"我"一直站在原地不动，2分钟内"我"和电车之间的距离也缩短了$\frac{a}{3}$。假如"我"是站在原地不动的，那么在1分钟内，"我"和电车之间的距离会缩短$\frac{a}{3}\div2=\frac{a}{6}$，也就是说，1分钟内电车向"我"走近了$\frac{a}{6}$。这样的话，用6分钟的时间，一辆电车就能走完全部的距离a，每隔6分钟就会有一辆电车从一个固定的地点驶过。也就是说，每隔6分钟就会有一辆电车从始发站开出。

2.17　漂流的木筏

[题] 已知：A 城和 B 城位于一条河的沿岸，A 城位于 B 城的上游。为了从 A 城到 B 城去，我们需要乘 5 个小时的轮船。而从 B 城返回的时候，由于逆流，轮船的固有速度虽然没有变化，但是需要的时间却延长到了 7 个小时。假设木筏行驶的速度与水流速度相等。

问：如果我们乘坐木筏从 A 城前往 B 城，那么需要多长时间？

[解] 假设船在静水中以本身的速度从 A 城行驶到 B 城需要 x 个小时，而木筏以与水的流速相等的速度从 A 城行驶到 B 城需要 y 个小时。那么，在 1 小时内轮船在静水中走过的距离是 A、B 两城之间距离的 $\dfrac{1}{x}$，而木筏在 1 小时内走过的距离是两城之间距离的 $\dfrac{1}{y}$。由此，我们不难算出，轮船在顺水时每小时走过的距离是两城之间距离的 $\left(\dfrac{1}{x}+\dfrac{1}{y}\right)$，而在逆水时每小时走过的距离是两城之间距离的 $\left(\dfrac{1}{x}-\dfrac{1}{y}\right)$。由于轮船在顺水时走完两城之间的距离需要 5 个小时，而在逆水时走完两城之间的距离需要 7 个小时，由此，我们可以列出如下的方程组：

$$\begin{cases} \dfrac{1}{x}+\dfrac{1}{y}=\dfrac{1}{5} \\[2mm] \dfrac{1}{x}-\dfrac{1}{y}=\dfrac{1}{7} \end{cases}$$

用这个方程组中的第一个方程减第二个方程可得：

$$\frac{2}{y} = \frac{2}{35}$$

解上面的方程可得：$y = 35$。也就是说，乘木筏从 A 城到 B 城需要 35 个小时。

2.18　两罐咖啡的质量

[题]　有两个形状和材质都相同的铁罐，都装满了咖啡。第一个铁罐的质量是 2 千克，高度是 12 厘米；第二个铁罐的质量是 1 千克，高度是 9.5 厘米。那么，每罐咖啡的净重是多少？

[解]　设大铁罐中咖啡的净重为 x 千克，小铁罐中咖啡的净重为 y 千克，大铁罐本身的质量为 z 千克，小铁罐本身的质量为 t 千克。由题意可以得出方程组：

$$\begin{cases} x + z = 2 \\ y + t = 1 \end{cases}$$

由于两个罐子中的咖啡的质量比等于两个罐子的体积比，也就等于罐子高度的立方的比[①]，据此可以列出方程：

$$\frac{x}{y} = \frac{12^3}{9.5^3} \approx 2.02, \quad 即\ x \approx 2.02y$$

―――――――――――

①　因为罐头的内外表面积不是完全一样的，罐头里面的高和罐头本身的高也不一样，所以，这种比例关系只适用于罐头铁皮很薄的情形。

又因为铁罐本身的质量比等于它们的表面积之比，也就是等于它们高的平方的比，据此可以列出方程：

$$\frac{z}{t} = \frac{12^2}{9.5^2} \approx 1.60，即 z \approx 1.60t$$

将 x 和 z 的表达式代入方程组，可以得到如下方程组：

$$\begin{cases} 2.02y + 1.60t = 2 \\ y + t = 1 \end{cases}$$

解方程组，可得：

$$\begin{cases} y = \dfrac{20}{21} = 0.95 \\ t = 0.05 \end{cases}$$

进而求出 x 和 z 的值：

$$x = 1.92，z = 0.08$$

也就是说，大铁罐中咖啡的净重为 1.92 千克，小铁罐中咖啡的净重为 0.95 千克。

2.19 晚会上的跳舞人

[题] 晚宴上一共有 20 个人在跳舞，玛丽亚和 7 个男伴跳过舞，奥尔加和 8 个男伴跳过舞，薇拉和 9 个男伴跳过舞……依此类推，一直到尼娜，她和所有的男伴都跳过舞。那么晚会上跳舞的男士有多少个？

[解] 如果选择合适的未知数，这道题解起来其实非常容易。让我们先

把跳舞的男士的数目放到一边，算一下跳舞的女士有几个。设跳舞的女士的人数为 x。

由题意可知：

玛利亚作为第一位女士，共和（6＋1）位男士跳过舞；

奥尔加作为第二位女士，共和（6＋2）位男士跳过舞；

薇拉作为第三位女士，共和（6＋3）位男士跳过舞；

……

依此类推，最后一位女士，也就是第 x 位女士尼娜共和（6＋x）位男士跳过舞。

由于尼娜和所有男士跳过舞，我们可以据此列出如下方程：

$$x + (6 + x) = 20$$

解这个方程可得：

$$x = 7$$

也就是说，女士的人数为 7，所以跳舞的男士有 20 － 7 ＝ 13 位。

2.20　海上的侦察船

[题] 舰队里有一艘奉命侦察舰队前进线上 70 英里（1 英里 ≈ 1 609 米）海域的侦察船，舰队每小时向前行进 35 英里，侦察船每小时向前行进 70 英里。多长时间之后这条侦察船可以回到舰队？

[解] 设 x 小时之后，侦察船可以回到舰队。在这段时间内，舰队一共

行驶了 35x 英里，侦察船一共行驶了 70x 英里。对于侦察船来说，它是先向前航行 70 英里，又折返回来的。侦察船和舰队航行的总路程是（70x + 35x）英里，等于（2×70）英里。由此我们可以得出方程

$$70x + 35x = 140$$

解方程可得：

$$x = \frac{140}{105} = 1\frac{1}{3}$$

也就是说，侦察船过了 1 小时 20 分钟后可以回到舰队里来。

[题] 侦察船接到一个命令，需要对某海域进行侦察。按照命令的指示，侦察船要在 3 小时内回到舰队当中。假如侦察船每小时可以行驶 60 海里（1 海里 = 1 852 米），而舰队每小时可以行驶 40 海里。问：侦察船离开舰队后多长时间就应该开始折返回来？

[解] 设侦察船离开舰队 x 小时后开始折返回来。也就是说，侦察船离开舰队后向前行驶的时间是 x 小时，然后又折返回来向着舰队行驶了（3 − x）小时。当侦察船和舰队行驶的方向一致时，在 x 小时后它们之间的距离就是它们各自航行的路程之差，也就是：

$$60x - 40x = 20x$$

侦察船掉头以后，它朝着舰队航行的路程是 60(3 − x) 海里，而舰队本身航行的路程是 40(3 − x) 海里。它们在这段时间内航行的路程之和，即方向一致时航行的路程之差，也就是 20x 海里。据此我们可以列出方程：

$$60(3 - x) + 40(3 - x) = 20x$$

解方程得：

$$x = 2\frac{1}{2}$$

也就是说，侦察船应该在离开舰队 2 小时 30 分钟时开始折返回来。

2.21 自行车比赛

[题] 在一个长度为 170 米的环形赛道上，两个赛车手均以固定的速度沿着赛道骑自行车。如果他们朝着相同的方向前进，170 秒之后，速度较快的那个人刚好超过速度慢的那个人一圈。而如果他们朝着相反的方向前进，那么 10 秒之后，他们就会第一次相遇。问这两个人分别以多快的速度前进？

[解] 设第一个人每秒能骑 x 米，那么在 10 秒内他向前行驶了 $10x$ 米。两人沿着相反的方向骑的时候，第二个人在两次相遇的中间所驶过的就是圆圈的剩余部分，就是（$170 - 10x$）米。现在我们设第二个人每秒能骑 y 米，那么他 10 秒所驶过的距离也就是 $10y$ 米。据此，我们可以列出方程：

$$170 - 10x = 10y$$

而当这两个人朝着相反的方向行驶时，那么在 170 秒内第一个人所经过的路程是 $170x$ 米，第二个人所经过的路程是 $170y$ 米。现在我们假设第一个人比第二个人要骑得快些，那么从第一次追上到第二次追上的中间，第一个人比第二个人正好多骑了一圈，也就是：

$$170x - 170y = 170$$

化简这两个方程可得：

$$x + y = 17, \; x - y = 1$$

最终可以解出：

$$x = 9 , \quad y = 8$$

即第一个人每秒能骑 9 米，第二个人每秒能骑 8 米。

2.22　在摩托车赛场上

[题] 在一场摩托车比赛中，三辆参赛的摩托车同时从起点出发，由于速度不同，第一辆车最先到达终点。第一辆车到达终点 12 分钟之后，第二辆车到达了终点，之后又过了 3 分钟，第三辆车也到达了终点。已知，第一辆车的速度比第二辆车快 15 千米/小时，而第二辆车的速度又比第三辆车快 3 千米/小时。

那么，赛道的长度是多少？三辆车分别以什么速度，用多长时间跑完了全程？

[解] 题目中需要求出的未知数有七个之多，但是我们在解题时却并不需要设那么多未知数。在解题时我们只需要设两个未知数就可以了。

设第二辆摩托车的行驶速度为 x 千米/小时，那么第一辆摩托车的行驶速度就是（$x + 15$）千米/小时，而第三辆摩托车的行驶速度就是（$x - 3$）千米/小时。

设赛程为 y 千米。那么每辆摩托车到达终点所用的时间（单位：小时）分别是：

第一辆车

$$\frac{y}{x + 15}$$

第二辆车

$$\frac{y}{x}$$

第三辆车

$$\frac{y}{x-3}$$

因为第二辆车到达终点所用的时间比第一辆要多 12 分钟，也就是 $\frac{1}{5}$ 小时。

据此我们可以列出方程：

$$\frac{y}{x} - \frac{y}{x+15} = \frac{1}{5}$$

又因为第二辆车到达终点所用的时间比第三辆车少 3 分钟，也就是 $\frac{1}{20}$ 小时，所以：

$$\frac{y}{x-3} - \frac{y}{x} = \frac{1}{20}$$

把第二个方程两边乘 4，然后用第一个方程减去这个乘积可得：

$$\frac{y}{x} - \frac{y}{x+15} - 4\left(\frac{y}{x-3} - \frac{y}{x}\right) = 0$$

化去上述方程中的分母，得出方程：

$$(x+15)(x-3) - x(x-3) - 4x(x+15) + 4(x+15)(x-3) = 0$$

解方程可得：

$$x = 75$$

也就是说，第二辆摩托车的速度是 75 千米/小时。

将 x 的值代入第一个方程中，可以得出：

$$y = 90$$

根据 x 和 y 的值，很容易就能求出三辆摩托车各自的速度分别为：90 千米/小时，75 千米/小时，72 千米/小时。

赛道的长度为 90 千米。

三辆摩托车跑完全程所用的时间分别是：

第一辆车…………1 小时；

第二辆车…………1 小时 12 分钟；

第三辆车…………1 小时 15 分钟。

2.23　汽车的平均速度

[题] 一辆汽车往返于 A、B 两城之间。它从 A 城开往 B 城时，速度是 60 千米/小时，而从 B 城开往 A 城时，速度是 40 千米/小时。求在往返过程中，这辆车的平均速度为多少？

[解] 这道题看上去非常简单，这也是很多人做错的原因。很多人没有仔细考虑题目中的条件，而是直接求出了 60 和 40 的平均值，也就是两个数的和的一半 50 作为答案。

这种简单的解题方法明显是不正确的。因为这辆车来回所用的时间肯定是不一样的。由于路程一样，而回来时行驶的速度较慢，所以回来的时候用的时间要比去的时候长。

将两城之间的距离作为一个辅助未知数引入，根据题意列出方程，那么我们会得到一个完全不同的答案。设两城之间的距离为 l，汽车行驶的平

均速度为 x，那么我们可以列出方程：

$$\frac{2l}{x} = \frac{l}{60} + \frac{l}{40}$$

由于 l 的值不为零，所以我们可以把方程两边的 l 消去，从而得到：

$$\frac{2}{x} = \frac{1}{60} + \frac{1}{40}$$

解这个方程可得：

$$x = \frac{2}{\dfrac{1}{60} + \dfrac{1}{40}} = 48$$

所以汽车的平均速度是 48 千米/小时。

如果用字母 a 来表示汽车去的时候的行驶速度，用字母 b 来表示回来时的速度，那么第一个方程就可以转化为：

$$\frac{2l}{x} = \frac{l}{a} + \frac{l}{b}$$

从这里可以得出：

$$x = \frac{2}{\dfrac{1}{a} + \dfrac{1}{b}}$$

这个表达式就是 a 和 b 的调和平均值。

因此，汽车行驶过程中的平均速度不能简单地用行驶速度的算术平均值来表示，而要用它们的调和平均值来表示。就像我们在上面的例子中所看到的那样，当 a 和 b 都是正值且不相等的时候，它们的调和平均值总是小于它们的算术平均值。

Chapter 3
算术的帮手

对于算术来说，仅仅依靠本身的方法来论证某些判断的正确性，往往不是特别严密。在这种情况下，就不得不借助代数的概括性方法了。比如，很多简捷的算法、某些数的有趣特性以及判别某些数字是否能被整除的方法，等等，这些都属于用代数方法来证明算术命题的例子。这一章我们要讲的就是这类问题。

3.1 简便的速乘法

善于计算的人经常会借助一些简单的代数变换来减少他们的计算量。比如：

$$988^2$$

我们就可以用这样的方法来计算：

$$988^2 = (988 + 12) \times (988 - 12) + 12^2$$

$$= 1\,000 \times 976 + 144$$

$$= 976\,144$$

很容易就能看出，这里利用的是下面的代数变换：

$$a^2 = a^2 - b^2 + b^2$$

$$= (a + b)(a - b) + b^2$$

事实上，我们还可以用上面的公式来进行其他类似的运算。比如：

$$27^2 = (27 + 3)(27 - 3) + 3^2 = 729$$

$$63^2 = 66 \times 60 + 3^2 = 3\ 969$$

$$54^2 = 58 \times 50 + 4^2 = 2\ 916$$

$$48^2 = 50 \times 46 + 2^2 = 2\ 304$$

$$37^2 = 40 \times 34 + 3^2 = 1\ 369$$

$$18^2 = 20 \times 16 + 2^2 = 324$$

再来看另外一个例子，986×997 的乘积可以通过这样的方式来计算：

$$986 \times 997 = (986 - 3) \times 1\ 000 + 3 \times 14 = 983\ 042$$

这个方法所依据的又是什么呢？把乘数写成这样的形式：

$$(1\ 000 - 14) \times (1\ 000 - 3)$$

然后，把这两个二项式按代数的规则乘出来：

$$1\ 000 \times 1\ 000 - 1\ 000 \times 14 - 1\ 000 \times 3 + 14 \times 3$$

接着，再作如下变换：

$$1\ 000 \times (1\ 000 - 14) - 1\ 000 \times 3 + 14 \times 3$$

$$= 1\ 000 \times 986 - 1\ 000 \times 3 + 14 \times 3$$

$$= 1\ 000 \times (986 - 3) + 14 \times 3$$

所得到的最后一行就是刚才我们使用的计算方法。

符合这样的条件的两位数的乘积的算法也非常有意思。这两个三位数的十位和百位上的数都相同，而个位上的数的和为 10。例如：

$$783 \times 787$$

对于这样的两个三位数，它们的乘积可以这样计算：

$$78 \times 79 = 6\ 162$$

$$3 \times 7 = 21$$

乘积就是：616 221。

这种算法的依据十分简单，看了下面的变化过程你就明白了：

$$(780 + 3) \times (780 + 7)$$

$$= 780 \times 780 + 780 \times 3 + 780 \times 7 + 3 \times 7$$

$$= 780 \times 780 + 780 \times 10 + 3 \times 7$$

$$= 780 \times (780 + 10) + 3 \times 7$$

$$= 780 \times 790 + 21$$

$$= 616\ 200 + 21$$

对于这一类乘法，我们还有一种更简单的算法：

$$783 \times 787 = (785 - 2) \times (785 + 2)$$

$$= 785^2 - 2^2$$

$$= 616\ 225 - 4$$

$$= 616\ 221$$

在这个例子里，我们必须求出 785 的平方。

对于末位数是 5 的数的平方，我们可以用下面的方法去求：

$$35^2：3 \times 4 = 12，答案是：1\ 225$$

$$65^2：6 \times 7 = 42，答案是：4\ 225$$

$$75^2：7 \times 8 = 56，答案是：5\ 625$$

计算的规则是这样的：先把这个数的十位数乘以比它大 1 的数，然后再在得出的这个乘积后面写上 25。

这个方法是这样的，如果这个数的十位数是 a，那么全数就可以写成：$10a + 5$。

这个数字的平方就可以表示为：

$$(10a+5)^2 = 100a^2 + 100a + 25 = 100a(a+1) + 25$$

代数式 $a(a+1)$ 就是十位数和它后面的那个数字的乘积。将这个乘积乘以 100 再加上 25 和在乘积后面直接写上 25 所得的结果是一样的。

用同样的方法还能计算后面带有 $\frac{1}{2}$ 的分数的平方。例如：

$$\left(3\frac{1}{2}\right)^2 = 3.5^2 = 12.25 = 12\frac{1}{4}$$

$$\left(7\frac{1}{2}\right)^2 = 7.5^2 = 56.25 = 56\frac{1}{4}$$

$$\left(8\frac{1}{2}\right)^2 = 8.5^2 = 72.25 = 72\frac{1}{4}$$

……

3.2 独特的数字 1，5，6

很多人都注意到，几个末位同是 1 或同是 5 的数连乘之后，所得的乘积的末位还是 1 或 5。对于数字 1 和 5 的这种有意思的性质，我们都可以用代数的方法来证明。其实，末位数是 6 的数字也有这样的性质。末位是 6 的数无论连乘多少次，所得的结果末位数都依然是 6。

例如：

$$46^2 = 2\,116；46^3 = 97\,336$$

下面我们就来分析一下末位是 6 的数字的性质。

末位是 6 的数字可以表示成下面的形式：

$$10a+6，10b+6$$

其中，a 和 b 可以取任何正整数。

这样的两个数的乘积可以表示为：

$$(10a+6)(10b+6)$$

$$=100ab+60b+60a+36$$

$$=10(10ab+6b+6a)+30+6$$

$$=10(10ab+6b+6a+3)+6$$

可见，这两个数的乘积是由 10 的倍数和 6 组成的，所以乘积的末位数当然是 6 了。

我们也可以用同样的方法来证明末位是 1 或 5 的数。

据此，我们可以得出下面的结论：

$$386^{2\,567} \text{的末位数是 6}$$

$$815^{723} \text{的末位数是 5}$$

$$491^{1\,732} \text{的末位数是 1}$$

$$……$$

3.3 数字 25 和 76

除了 1、5、6 具有我们上面所说的神奇性质之外，有些两位数也有着相似的性质。25 和 76 就是具有这样性质的两位数。任意几个最末尾同是 25 或同是 76 的数相乘，所得的乘积末尾还是原来的数。

现在我们以 76 为例来证明一下。最末尾是 76 的数的一般表示方法为：

$$100a + 76，100b + 76$$

a 和 b 都可以取任意正整数。这样的两个数相乘，乘积为：

$$(100a + 76)(100b + 76)$$

$$= 10\ 000ab + 7\ 600b + 7\ 600a + 5\ 776$$

$$= 10\ 000ab + 7\ 600b + 7\ 600a + 5\ 700 + 76$$

$$= 100(100ab + 76b + 76a + 57) + 76$$

由上面最后一行的式子可以看出，乘积的末尾还是 76。

依此类推，凡是末尾是 76 的数，它的任意次方的末尾依然是 76：

$$376^2 = 141\ 376，576^3 = 191\ 102\ 976，\cdots$$

3.4 神奇的无限长"数"

还有更多位数字组成的长串数尾，在经过连乘之后，得到的乘积的数尾与原来数字的数尾一样。

我们已经知道两位数中，具有这种性质的是 25 和 76。为了找出具有这种性质的三位数，我们可以在 25 或 76 前面再写上一位相应的数字。

下面，我们先来讨论一下在 76 前面加上一个什么样的数所得的三位数能够具有这种性质。设前面应该加的那个数字为 k（k 为任意正整数），得到的三位数就可以表示为：

$$100k + 76$$

那么，末尾是这个三位数的数就可以表示为：

$$1\ 000a + 100k + 76，1\ 000b + 100k + 76$$

其中，a，b 可以取任意正整数。

将这两个数相乘，可以得出：

$$(1\ 000a + 100k + 76)(1\ 000b + 100k + 76)$$

$$= 1\ 000\ 000ab + 100\ 000ak + 100\ 000bk + 76\ 000a + 76\ 000b +$$

$$10\ 000k^2 + 15\ 200k + 5\ 776$$

上面的式子，除了最后两项之外，其他各项都能被 1 000 整除。只要最后两项的和（$15\ 200k + 5\ 776$）与（$100k + 76$）的差能被 1 000 整除，就可以证明所得乘积的数尾是（$100k + 76$）。由于

$$15\ 200k + 5\ 776 - (100k + 76)$$

$$= 15\ 100k + 5\ 700$$

$$= 15\ 000k + 5\ 000 + 100(k + 7)$$

所以，只有当 k 取 3 的时候，所得乘积的数尾才能与原来的数的数尾相同。

所以，376 就是我们所要求的三位数。而 376 的任意次方的尾数也一定是 376。

例如：

$$376^2 = 141\ 376$$

同理，如果要找出具有这种性质的四位数，那么我们就应该在 376 前面再加上一位数，设所加的这个数为 l，我们就可以把原来的问题转化成这样：求 l 为多少的时候，

$$(10\ 000a + 1\ 000l + 376)(10\ 000b + 10\ 000l + 376)$$

所得的结果的尾数会是（1 000l + 376）。现在我们把所得的乘积中能被 10 000 整除的各项都舍去，得到的式子就是：

$$752\ 000l + 141\ 376$$

只要（752 000l + 141 376）与（1 000l + 376）相减，所得的差能被 10 000 整除，就证明乘积的尾数是（1 000l + 376）。由于

$$752\ 000l + 141\ 376 - (1\ 000l + 376)$$

$$= 751\ 000l + 141\ 000$$

$$= (750\ 000l + 140\ 000) + 1\ 000(l + 1)$$

观察上面最后一行的多项式可以看出，只有当 $l = 9$ 时，所得的差才能被 10 000 整除。

所以，符合条件的四位数就是 9 376。继续像前面那样进行推理，我们会发现，符合条件的五位数为 09 376，符合条件的六位数为 109 376，符合条件的七位数为 7 109 376，……

这样，一位一位地增加可以无限制地进行下去。这么做的结果是，我们将会得到一个无限多位的"数"：

$$\cdots 7\ 109\ 376$$

这样的数都可以按通常的规则进行加法和乘法的运算，因为这种数字是从右向左写的，而加法和乘法的竖式也是从右向左进行的。而且在两个这样的数的和或者乘积中，还可以逐个地减去任意多的数字。

更为有趣的是，我们上面所说的那个无限长的"数"，能够满足下面的方程：

$$x^2 = x$$

这看起来是不可能的。但是事实上，由于这个数的尾数是 76，所以它的平方的尾数也会是 76。由于同样的原因，这个数的平方的尾数也可以是 376，或者是 9 376，等等。换句话说，也就是当 $x = \cdots 7\ 109\ 376$ 时，我们可以从它的平方中逐位去掉一些数字，这时候，我们就能得到一个和 x 相同的数字，这就是 $x^2 = x$ 成立的原因。

前面我们对末尾是 76 的数①进行了分析。用类似的方法讨论末尾是 5 的数，我们能得到下面一组数字：

5，25，625，0 625，90 625，890 625，2 890 625，等等。同样我们还能写出一个可以满足方程 $x^2 = x$ 的无限长的 "数"

$$\cdots 2\ 890\ 625$$

而且，这个数还恰好 "等于"

$$(((5^2)^2)^2)^{2\cdots}$$

这个结果非常有意思，如果我们用代数语言把它表示出来，可以这样说：对于方程 $x^2 = x$ 来说，除 $x = 0$ 和 $x = 1$ 之外，还有两个 "无限" 的解，也就是：

$$x = \cdots 7\ 109\ 376 \text{ 和 } x = \cdots 2\ 890\ 625$$

除此之外，在十进制中就没有其他的解了。

---

① 另外，两位数 76 也可以借助于上面的推理方法求得：只要求出在 6 前面加一个什么数可以得到具有我们所说的性质的两位数就可以。所以，"数" $\cdots 7\ 109\ 376$ 也可以当作是在 6 前面一个一个加上相应的数得出。

3.5　一个关于补差的古老题目

[题] 在很久以前，有这样一个故事。两个贩卖家畜的人把他们共有的一群牛卖了，每头牛所卖的钱恰好是这群牛的总头数。接着，他们用卖牛所得的钱又买回了一群羊，每只羊的价格是 10 元，最后他们用钱数的零头又换回了一只小羊。分羊的时候，两个人分得的羊的数量一样多，只是第二个人得到了那只小羊。为了公平起见，两人商议后决定，让第一个人找补他一点钱。假设找补的钱是整数，那么第一个人应该找补给第二个人多少钱？

[解] 这道题不能直接转换成代数语言来解答，因为根据所给出的条件，我们没有办法列出方程来。为了解出这道题，我们只好采用一种特殊的途径——自由的数学思考。虽然不能把题目转换成代数语言，但是在解题的过程中，代数还是起了非常重要的作用。

根据题意，每头牛的价格与牛的总数相等，也就是以每头 n 元的价格卖掉了 n 头牛。所以，两个人卖牛所得的钱的总数应该是一个完全平方数，即 n^2。而由于其中一个人分得的羊多了一头，所以用卖牛的钱所买的羊的数量应该是个奇数。这就可以推断出 n^2 这个数的十位数也是一个奇数。对于一个十位数是奇数的完全平方数来说，它的个位数只有一种可能，就是 6。

我们设一个十位数是 a，个位数是 b 的整数，那么它的平方就是 $(10a+b)^2$。

$$(10a + b)^2 = 100a^2 + 20ab + b^2 = (10a^2 + 2ab) \times 10 + b^2$$

对于这样一个数字来说，它的十位数有一部分是 $(10a^2 + 2ab)$，还有一部分包含在 b^2 里。由于 $(10a^2 + 2ab)$ 是一个偶数，所以只有当包含在 b^2 中的十位数是奇数时，$(10a + b)^2$ 里所含的十位数才会是奇数。由于 b^2 是个位上的数的平方，所以 b^2 可以取的值有以下几种可能：

$$0，1，4，9，16，25，36，49，64，81$$

在这些可能取的值中，只有 16 和 36 的十位数是奇数。而且它们的个位数都是 6，所以可以说，对于数字 $(100a^2 + 2ab + b^2)$ 来说，只有当个位数字是 6 时，它的十位数才会是奇数。

由此我们可以得出，每只小羊的价格应该是 6 元。现在问题就很容易解决了，由于大羊的价格是每只 10 元，所以，分得小羊的这个人比另一个人少分了 4 元。为了公平，分得大羊的人只需要补给他的同伴 2 元钱就可以了。

因此这个问题的答案就是 2 元。

3.6 能被 11 整除的数

利用一些代数方法，我们可以在没有做除法之前，判断出一个数是否能被另一个数整除。这些方法非常简单。对于怎样判定能被 2，3，4，5，6，7，8，9，10 整除的数的特征大家都是知道的。我们现在就来找出能被 11 整除的数所具有的特征，它既简单又实用。

现在，假设有一个个位数是 a，十位数是 b，百位数是 c，千位数是 d……的多位数 N。那么 N 可以用下面的方式来表示：

$$N = a + 10b + 100c + 1\,000d + \cdots$$

$$= a + 10(b + 10c + 100d + \cdots)$$

在这里，省略号所表示的是多位数 N 以后的各位数的总和。从 N 中减去一个 11 的倍数

$$11(b + 10c + 100d + \cdots)$$

之后，所得的差值为：

$$a - b - 10(c + 10d + \cdots)$$

用这个数除以 11 之后，所得的余数与 N 直接除以 11 所得的余数是一样的。给这个差值加上

$$11(c + 10d + \cdots)$$

之后，我们可以得到

$$a - b + c + 10(d + \cdots)$$

这个数字除以 11 所得的余数同样也等于 N 除以 11 所得的余数。从这个数中再减去一个 11 的倍数

$$11(d + \cdots)$$

一直这样进行类似的加减。我们可以得到下面的结果：

$$a - b + c - d + \cdots = (a + c + \cdots) - (b + d + \cdots)$$

用最终的这个数除以 11 以后，所得的余数仍然等于 N 除以 11 所得的余数。

由此，我们不难得出这样一个能被 11 整除的数的判断方法：拿一个数

字的所有奇数位上数字的总和减去它所有偶数位上数字的总和，如果所得差是 0 或者是 11 的倍数，这个倍数是正数或者负数都可以，那么就说明所试验的这个数能被 11 整除。

例如，我们可以拿 87 635 064 这个数来试一下：

它的偶数位的数字的和为 25，奇数位的数字的和为 14，而

$$25 - 14 = 11$$

通过上面的判断方法，我们可以说这个数能被 11 整除。

除了上面我们所说的判断方法以外，我们还可以用另外一种方法来判断一个整数是不是能被 11 整除：我们把所要判定的数以两位为一节从右到左进行分节。分节以后，把这些节加起来，如果相加之后的总和能被 11 整除，那么要判定的数也就能被 11 整除。我们可以用 528 这个数字做一个试验：

按照上面所说的判断方法，把 528 分成 5 和 28 两节，然后把两节相加，得到和 33。由于 33 能被 11 整除，所以 528 也就能被 11 整除。

$$528 \div 11 = 48$$

为了证明这种判断方法的正确性，我们可以把一个多位数 N 按照这种判断方法的分节方法进行分节。从右向左，分别将分节后的数字表示为 a，b，c 等，这样，多位数 N 就可以用这种形式表示出来：

$$N = a + 100b + 10\ 000c + \cdots$$

$$= a + 100(b + 100c + \cdots)$$

用这个数减去 11 的倍数 $99(b + 100c + \cdots)$ 之后，可得

$$a + (b + 100c + \cdots) = a + b + 100(c + \cdots)$$

用这个数除以 11 得到的余数等于 N 除以 11 所得的余数。再用这个数减去 $99(c+\cdots)$，一直这样进行下去。结果我们就能得到，数字 N 除以 11 所得的余数等于数字

$$a+b+c+\cdots$$

除以 11 所得的余数。

3.7 违规汽车的车牌号

[题] 一辆汽车违反了交通规则，恰巧被路过的三个数学系的大学生看到了。他们没有记住这辆车的车牌号，只知道车牌号是四位数，并且有如下几个特征：它的千位数和百位数相同，十位数和个位数也相同，而且它刚好是一个完全平方数。根据这些条件，我们应该怎样确定这个四位数是什么呢？

[解] 由于这个四位数的前两位相同，后两位相同，所以我们可以设所求四位数的第一位数字是 a，第三位数字是 b。那么，整个四位数我们就可以表示为 $1\,000a+100a+10b+b=1\,100a+11b=11(100b+b)$。这是个可以被 11 整除的数，而同时由于它是一个完全平方数，所以，它应该也可以被 11^2 整除（因为四位数最大为 9 999，而 $11^4=121^2>9\,999$，所以不能被 11^4 整除）。这也就是说，$(100a+b)$ 是一个能被 11 整除的数。利用上面我们所介绍的能被 11 整除的数的任何一种特征，我们都可得出 $(a+b)$ 能被 11 整除的结论。而当 $(a+b)$ 能被 11 整除时，由于 a 和 b 都只小于 10，所以只有一种情况：

$$a + b = 11$$

由于这个车牌号是一个完全平方数，所以对于它来说，最后一位数字 b 所有可能取的数只有下面这些：

$$0,\ 1,\ 4,\ 5,\ 6,\ 9$$

而由于 $a + b = 11$，而且 a 的值小于 10，所以 a 所有可能取的值只有：

$$7,\ 6,\ 5,\ 2$$

所以，a 和 b 的取值一共存在如下几种情况：

$$b = 4,\ a = 7$$
$$b = 5,\ a = 6$$
$$b = 6,\ a = 5$$
$$b = 9,\ a = 2$$

这样，这个四位数的值就只剩下了以下四种情况：

$$7\ 744,\ 6\ 655,\ 5\ 566,\ 2\ 299$$

由于数字 6 655，5 566，2 299 都不是完全平方数，只有 $7\ 744 = 88^2$ 是一个完全平方数。所以 7 744 就是所求的四位数。

3.8　能被 19 整除的数

[题]　有这样一种判断一个数字能否被 19 整除的方法：去掉这个数的个位数，然后将所得的数字加上原来个位数的两倍，一直这样进行下去，所得的结果如果能被 19 整除，那么这个数字就能被 19 整除。这种判断方法真的正确吗？

[解]　我们可以将任意数 N 表示为如下形式：

$$N = 10x + y$$

在这里，x 所表示的是这个数字中所含的 10 的倍数，也就是将这个数字去掉个位以后所得到的数字，而 y 表示的则是它个位上的数字。现在，我们需要证明，只有当

$$N' = x + 2y$$

能被 19 整除时，N 才能被 19 整除。为了证明这个结论，我们先用 10 去乘 N'，再减去 N，则有：

$$10N' - N = 10(x + 2y) - (10x + y) = 19y$$

从上面的式子我们明显可以看出，如果 $10N'$ 能被 19 整除，那么

$$N = 10N' - 19y$$

所以，N 肯定也能被 19 整除；反过来，如果 N 能被 19 整除，那么 $10N'$ 也能被 19 整除。这样可以推出，N' 也可以被 19 整除。

下面我们举一个例子，用上面所说的方法判断一下 47 045 881 能否被 19 整除：

$$
\begin{array}{r}
47\,045\ 88\,|\,1 \\
2 \\
\hline
47\,045\,|\,90 \\
\\
1\ 8 \\
\hline
4\ 70\ 6\,|\,3 \\
\\
6 \\
\hline
4\ 71\,|\,2 \\
\\
4 \\
\hline
4\ 7\,|\,5 \\
\\
1\ 0 \\
\hline
5\,|\,7 \\
\\
14 \\
\hline
19
\end{array}
$$

由此，我们不仅可以推断出要判定的数本身可以被 19 整除，还可以推断出 57，475，4 712，47 063，4 704 590，47 045 881 也可以被 19 整除。

3.9　苏菲·热门的问题

[题]　法国著名数学家苏菲·热门曾让人们证明这样一个结论：在 a 不等于 1 的情况下，如果一个数能够转化为（a^4+4）这种形式，那么这个数一定是个合数。

下面我们就试着来证明一下。

[解]　我们可以根据下面的推导来证明这个结论的正确性：

$$a^4+4$$
$$=a^4+4a^2+4-4a^2$$
$$=(a^2+2)^2-4a^2$$
$$=(a^2+2)^2-(2a)^2$$
$$=(a^2+2-2a)(a^2+2+2a)$$

从上面的式子我们可以看出，（a^4+4）可以表示成两个因数的乘积，而这两个因数都不等于 1[①]，也不等于原来的数。因此可以说，原来的数是一个合数。

---

① 　假设 $a\neq 1$，$a^2+2-2a=(a^2-2a+1)+1=(a-1)^2+1\neq 1$。

3.10　合数的个数

　　素数又叫质数，指大于 1，并且除了 1 和它本身以外，不能被任何其他整数整除的自然数。素数的个数是无穷的。这些素数之间的数都是合数。素数把自然数列分成长短不一的合数区段。这种区段最长能有多长呢？比方说，是否会有一些区段，连着出现一千个合数，中间都没有被素数隔断呢？

　　虽然令人难以置信，但是素数之间的合数区段其实要多长就有多长。这种合数区段的长度是没有止境的，可以是一千个、一万个、一亿个……

　　为了便于运算和书写，我们引入阶乘 $n!$，来表示从 1 到 n 这 n 个正数连乘之后所得的积。例如，$1 \times 2 \times 3 \times 4 \times 5$ 就可以表示为 $5!$。现在，让我们来证明，数列

$$[(n+1)!+2], [(n+1)!+3],$$

$$[(n+1)!+4], \cdots, [(n+1)!+n+1]$$

是 n 个连续的合数。

　　由于这个数列中，每个数都比前一个数大 1，所以，可以说它们都是按照自然数的顺序排列的。我们只要证明这些数都是合数。

　　对于第一个数来说，由于

$$(n+1)!+2 = 1 \times 2 \times 3 \times 4 \times 5 \times 6 \times 7 \times \cdots \times (n+1)+2$$

式子中的两个加项都含有因数 2，所以第一个数是一个偶数。而任何大于 2

的偶数都是合数，所以第一个数是一个合数。

第二个数

$$(n+1)! +3 = 1 \times 2 \times 3 \times 4 \times 5 \times \cdots \times (n+1) +3$$

由于它的两个加项都是 3 的倍数，所以它至少可以被除了 1 和本身之外的 3 整除，所以它也是一个合数。

第三个数

$$(n+1)! +4 = 1 \times 2 \times 3 \times 4 \times 5 \times \cdots \times (n+1) +4$$

它的两个加项均可以被 4 整除，所以它也是一个合数。

用同样的方法我们可以证明

$$(n+1)! +5$$

是 5 的倍数。

……

换句话说，这个数列中的每个数，除了能被 1 和它本身整除以外都至少还能被 1 个其他的数整除，因此它们都是合数。

根据上面的推断，如果我们要写出五个接连出现的合数时，只需令上面数列中的 n 等于 5 就可以了。这样我们就能得到数列：

$$722, 723, 724, 725, 726$$

但是，并不是只有这一种由五个连续的合数组成的数列。除了我们上面所写出的数列之外，还有一些其他的，例如：

$$62, 63, 64, 65, 66$$

或者更小一些的：

$$24, 25, 26, 27, 28$$

[**题**] 现在让我们来试着解一下这个题目：

写出十个连续出现的合数。

[**解**] 根据前面所讲的内容，我们可以令 $n = 10$，求出数列的第一个数：

$$1 \times 2 \times 3 \times 4 \times \cdots \times 10 \times 11 + 2 = 39\ 916\ 802$$

根据这个数，我们可以写出所求的数列，也就是：

$$39\ 916\ 802，39\ 916\ 803，39\ 916\ 804，\cdots$$

其实还有一些十个连续出现的合数比这个数列中的数字要小得多。我们甚至可以举出只比一百稍大些的十三个连续出现的合数：

$$114，115，116，117，\cdots，126$$

3.11　素数

连续出现的合数组成的数列可以是无穷长的，那么，素数的数列是不是也是这样的呢？下面我们就来证明一下素数的个数是无穷的。

在这里我们要使用的是古希腊数学家欧几里得发明并收录在他的著作《几何原本》中的一种方法，也就是"反证法"。首先，假设素数的行列列数有限，并把数列中的最后一个素数用字母 N 来表示。这样，我们可以写出乘积：

$$1 \times 2 \times 3 \times 4 \times 5 \times 6 \times 7 \times \cdots \times N = N!$$

在这个阶乘后面加上1，可得：

$$(N!\ +1)$$

作为大于 N 的整数，至少有一个素数可以整除它，也就是说，它至少应该含有一个是素数的因数。但是根据假设，所有的素数都是小于或等于 N 的，也就是说，$(N! +1)$ 这个数不能被任何不大于 N 的数整除，而且除起来总是余 1。

因此，前面所提出的素数的行列列数有限这一假设不成立。由此可见，虽然在自然数列中可以有无穷长的连续的合数数列，但是，在它后面还是能找到无穷多的素数。

3.12 最大的素数

对于我们来说，我们一方面相信存在着无穷大的素数，另一方面，还需要知道，哪些自然数是素数。想知道一个数是不是素数就必须进行一些必要的计算，而一个自然数越大，计算起来也就越麻烦。目前人们通过计算机计算出了已知的最大素数，它就是

$$2^{2\,281} - 1$$

这个数是一个十进制的 687[①] 位数。

3.13 代数并不总能让问题更简单

学好数学最关键的地方就在于，要善于使用合适的数学方法，而不是过多地去考虑解题的方法到底是属于算数、代数、几何或者是其他领域。代

[①] 译者注：1952 年最大的素数为 $2^{2\,281} - 1$，1961 年发现最大素数为 $2^{4\,423} - 1$。目前，最大素数为 2018 年发现的 $2^{82\,589\,933} - 1$，该素数共有 24 862 048 位。

数对算术起了很大的作用，但有时候使用代数方法反而会引起不必要的麻烦，使问题变得更加复杂。下面这个题目就可以作为一个非常有意义的例子：

[题] 找出一个最小的数，使它满足下面的条件：

用 2 除余 1

用 3 除余 2

用 4 除余 3

用 5 除余 4

用 6 除余 5

用 7 除余 6

用 8 除余 7

用 9 除余 8

[解] 看到这道题，有的读者可能会觉得非常困难："这要怎么解呢？用方程的话，要列的方程不仅太多而且解不出来。"

这个问题其实很简单。要解这道题并不是非要用到方程，甚至也不需要用到代数，我们只要进行简单的算术推理，就能解出它了。

我们可以先将这个未知数加 1。根据所给的条件，可以很容易地推断出，所得的结果可以同时被 2，3，4，5，6，7，8，9 整除。要求可以同时被 2，3，4，5，6，7，8，9 整除的数，我们只需要将 5，7，8，9 相乘就可以了。由于 $5 \times 7 \times 8 \times 9 = 2\,520$，所求的结果就是 2 520。由此可知，符合题目中所给条件的最小整数就是 2 519。

毛绒布　　　米

（每米价49.36卢布）

7.28

Chapter 4

刁藩都方程

4.1　怎样付清毛衣钱

[**题**]　假设你在商店里买了一件价值 19 卢布的毛衣。在付钱过程中，老板发现商店里只有面值为 5 卢布的钞票，而你的口袋里只有面值为 2 卢布的钞票。请问，在这种情况下，你应该怎样付清这笔钱？

这道题其实可以转化为：为了付清这 19 卢布，你应该给商店几张 2 卢布的钞票，而商店应该找给你几张 5 卢布的钞票？为了解出这道题，我们可以设两个未知数 x，y，其中 x 表示你给商店的 2 卢布面值的钞票的张数，而 y 表示商店找给你的 5 卢布面值的钞票的张数。据此可以列出一个方程：

$$2x - 5y = 19$$

虽然这个方程中有两个未知数，可以有无数组解，但是，只有当 x，y 都是正整数的时候，这组解才是满足要求的。要找出这样的解并不是一件很容易的事。这就是为什么代数要找出一种解这类"不定方程"的方法的原因。第一次把这种方法引入到代数中来的是欧洲著名数学家刁藩都，因此这种方程也常常被叫作"刁藩都方程"。

[**解**]　下面，我们就这个例子来讲一讲怎么解这类方程。

$$2x - 5y = 19$$

其中，x 和 y 都是正整数，我们要做的就是在方程中找出 x 和 y 的值。

首先，把系数较小的未知数 $2x$ 分离出来，经过计算可以得出：

$$x = \frac{19}{2} + \frac{5y}{2} = 9 + 2y + \frac{1+y}{2}$$

在这个等式中，由于 x，9，$2y$ 均为整数，所以，最后一项 $\frac{1+y}{2}$ 也应该是整数。令 $\frac{1+y}{2} = t$，则

$$2t = 1 + y$$

$$y = 2t - 1$$

将 y 的表达式代入前面 x 的表达式，可以得出：

$$x = 9 + 2(2t - 1) + t = 5t + 7$$

现在，让我们来看一下下面的方程组

$$\begin{cases} x = 5t + 7 \\ y = 2t - 1 \end{cases}$$

对于 x 和 y 来说，只要 t 是整数，那么它们的值也一定都是整数。由于 x 和 y 不仅需要是整数，还需要是正数，所以

$$5t + 7 > 0$$

$$2t - 1 > 0$$

解这两个不等式得：

$$5t > -7，即 t > -\frac{7}{5}$$

$$2t > 1，即 t > \frac{1}{2}$$

所以，t 的数值要大于 $\frac{1}{2}$。由于 t 必须取整数，所以，它可能的取值有以下几种情况：

$$t = 1, 2, 3, 4, \cdots$$

相应地，x 和 y 可能的取值就是：

$$x = 5t + 7 = 12, 17, 22, 27, \cdots$$

$$y = 2t - 1 = 1, 3, 5, 7, \cdots$$

根据这个我们就可以确定付款的方式了。

为了付清这笔钱，你可以给商店 12 张面值为 2 卢布的钞票，商店找给你 1 张面值为 5 卢布的钞票：

$$12 \times 2 - 5 = 19$$

也可以给商店 17 张面值为 2 卢布的钞票，让商店找给你 3 张面值为 5 卢布的钞票：

$$17 \times 2 - 3 \times 5 = 19$$

$$\cdots$$

从理论上来讲，这道题可以有无数个解，但是从现实的角度来考虑，它的解的数目却是有限的。因为顾客和商店的钞票的数目都不是无限的。比方说，当双方都只有 15 张钞票时，那么付款方式就只能有一种，也就是顾客付给商店 12 张 2 卢布的钞票，商店找给顾客 1 张 5 卢布的钞票。所以说不定方程只有有限的几种答案。

回到最初的题目上来，作为练习，请读者自己解一解这道题目。如果顾客只有 5 卢布面值的钞票，而商店只有 2 卢布面值的钞票，那么又该如何付清这笔钱呢？用上面的方法来解这个问题，我们可以得到如下的一系列解：

$$x = 5, 7, 9, 11, \cdots$$

$$y = 3,\ 8,\ 13,\ 18,\ \cdots$$

通过计算我们可以知道，这些解都是正确的：

$$5 \times 5 - 3 \times 2 = 19$$

$$7 \times 5 - 8 \times 2 = 19$$

$$9 \times 5 - 13 \times 2 = 19$$

$$\cdots$$

除了重新计算之外，其实只要用一点简单的代数方法，我们就能从这道题的母题的解法中推算出结果。因为付 5 卢布面值的钞票，找回 2 卢布面值的钞票就等于是"找回负的 5 卢布面值的钞票"而"付负的 2 卢布面值的钞票"，因此，将题目转化为求原来母题方程：

$$2x - 5y = 19$$

的负数解。

由于 $x < 0$，$y < 0$，而且

$$x = 7 + 5t$$

$$y = 2t - 1$$

所以

$$t < -\frac{7}{5}$$

分别取 $t = -2,\ -3,\ -4,\ -5,\ \cdots$ 由上面的公式，我们可以得出下面这些 x 和 y 的数值：

$$t = -2,\ -3,\ -4,\ -5,\ \cdots$$

$$x = -3,\ -8,\ -13,\ -18,\ \cdots$$

$$y = -5,\ -7,\ -9,\ -11,\ \cdots$$

第一组解：$x = -3$，$y = -5$，表示顾客"付负 3 张面值为 2 卢布的钞票而找回负 5 张面值为 5 卢布的钞票"。转换成日常语言也就是：顾客付 5 张面值为 5 卢布的钞票，而找回了 3 张面值为 2 卢布的钞票。其他的解也是用类似的方式来进行解释的。

4.2 恢复账本

[题] 某商店在核查账本时，发现一滴墨水盖住了其中两处记录（图 4 - 1），从剩下的痕迹中不能看出具体卖出了多少米的毛绒布，但是可以看出这个数是个整数，而且每米布的单价是 49.36 卢布。另外，最终卖得的钱数的后三位数字是 7.28，可以分辨出这三位数字前面还有三位数字。

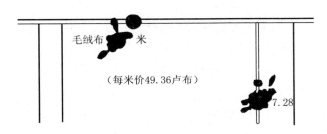

毛绒布 □ 米

（每米价49.36卢布）

7.28

图 4 - 1

问：核查账本的工作人员能不能根据剩下的这些痕迹恢复账本记录呢？

[解] 为了解出这道题目，我们可以设卖出毛绒布的米数为 x，卖得的钱中被盖住的那个三位数为 y，由此可以计算出卖这些布所得的钱数用戈比表示就是：4 936x（1 卢布 = 100 戈比）。可以得出方程

$$4\,936x = 1\,000y + 728$$

化解方程可得：

$$617x - 125y = 91$$

在这个方程中，x 和 y 都是正整数，且 y 的值不能大于 999 也不能小于 100。利用前面所讲的方法解这个方程：

$$125y = 617x - 91$$

$$y = 5x - 1 + \frac{34 - 8x}{125}$$

$$= 5x - 1 + \frac{2(17 - 4x)}{125}$$

其中，为了计算方便，我们把 $\frac{617}{125}$ 写成 $\left(5 - \frac{8}{125}\right)$。

由于 x，y 都是整数，所以分数

$$\frac{2(17 - 4x)}{125}$$

也是一个整数，又因为 2 不能被 125 整除，所以 $\frac{17 - 4x}{125}$ 也一定是一个整数。

设 $\frac{17 - 4x}{125}$ 为 t，那么可以推算出

$$x = 4 - 31t + \frac{1 - t}{4}$$

这里设 $t_1 = \frac{1 - t}{4}$，那么

$$x = 4 - 31t + t_1$$

而且

$$4t_1 = 1 - t$$

所以

$$t = 1 - 4t_1$$

$$x = 125t_1 - 27$$

$$y = 617t_1 - 134$$

由于

$$100 \leqslant y < 1\ 000$$

所以

$$100 \leqslant 617t_1 - 134 < 1\ 000$$

解不等式得：

$$\frac{234}{617} \leqslant t_1 < \frac{1\ 134}{617}$$

由于 t_1 只能取整数，所以

$$x = 98,\ y = 483$$

也就是说，卖出毛绒布的长度为 98 米，卖得的钱是 4 837.28 卢布。账本上的这条记录通过这样的方式得以恢复。

4.3　巧买邮票

[题]　邮票的单价有三种：1 戈比、4 戈比和 12 戈比。现在需要用 1 卢布买 40 张邮票，那么每种邮票各需要买几张？

[解]　设购买三种单价的邮票的数量分别为 x，y，z。那么，根据题意，我们可以列出带有 3 个未知数的两个方程：

$$x + 4y + 12z = 100$$

$$x + y + z = 40$$

将第一个方程减去第二个方程，可以得出：

$$3y + 11z = 60$$

于是

$$y = 20 - 11 \times \frac{z}{3}$$

由题意知，$\frac{z}{3}$ 必须是一个整数。现在我们令 $\frac{z}{3} = t$，那么

$$y = 20 - 11t$$

$$z = 3t$$

把上述 y 和 z 的表达式代入最初的第二个方程，可得：

$$x = 20 + 8t$$

因为 $x > 0$，$y > 0$，$z > 0$，我们很容易就能推算出：

$$0 \leqslant t \leqslant 1$$

又因为 t 是整数，所以它的可能取值就只有下面两种：

$$t = 0 \text{ 和 } t = 1$$

根据 t 的值，我们很容易就能推算出 x，y 和 z 的值，如表 4 - 1 所示：

表 4 - 1

t	0	1
x	20	28
y	20	9
z	0	3

将各值代入检验：

$$20 \times 1 + 20 \times 4 + 0 \times 12 = 100$$

$$28 \times 1 + 9 \times 4 + 3 \times 12 = 100$$

综上所述，如果不要求每种邮票都买，那么就应该有两种买法。

我们下一节要讲到的题目，也是这种类型的。

4. 4 西瓜、苹果和李子

[题] 西瓜的价格是每个 50 戈比，苹果的价格是每个 10 戈比，李子的价格是每个 1 戈比，要用 5 卢布买 100 个三种不同的水果。那么每种水果应该分别买多少个？（图 4 – 2）

图 4 – 2

[解] 设所买的西瓜的个数为 x，苹果的个数为 y，李子的个数为 z，可以列出如下两个方程：

$$50x + 10y + z = 500$$

$$x + y + z = 100$$

用第一个方程减去第二个方程，可得：

$$49x + 9y = 400$$

所以

$$y = \frac{400-49x}{9} = 44 - 5x + \frac{4(1-x)}{9}$$

设 $t = \frac{1-x}{9}$，则

$$x = 1 - 9t$$

$$y = 44 - 5(1-9t) + 4t = 39 + 49t$$

由于 x、y 均为正整数，所以

$$1 - 9t > 0 \text{ 和 } 39 + 49t > 0$$

解不等式，可得：

$$-\frac{39}{49} < t < \frac{1}{9}$$

由于 t 是整数，所以 t 的值只能取 0，于是

$$x = 1，y = 39，z = 60$$

也就是说，用 5 卢布买三种水果，只有一种买法，那就是买 1 个西瓜，39 个苹果，60 个李子。

4.5　出生在哪一天

[题] 掌握了解不定方程的方法，我们就可以玩下面这个数学游戏了。

首先，你可以让一个同学计算出他出生月份的 31 倍和他出生日期的 12 倍。然后，让他把这两个数字加起来，并把结果告诉你，根据这个结果，你可以着手计算一下他的出生日期。

假如这个同学的生日是 2 月 9 日，那么他就要先进行这样的运算：

$$9 \times 12 = 108$$

$$2 \times 31 = 62$$

$$108 + 62 = 170$$

运算结束以后，他把结果 170 告诉你。这时，你就要想办法来确定他的生日了。那么，用什么方法来推算呢?

[**解**] 这道题的关键其实也是解不定方程。通过分析题目，我们可以得到如下方程：

$$12x + 31y = 170$$

在这个方程中，x 和 y 必须是正整数，而且 x 必须小于等于 31，y 必须小于等于 12。

用 y 来表示 x 可得：

$$x = \frac{170 - 31y}{12}$$

$$= 14 - 3y + \frac{2 + 5y}{12}$$

设 $\frac{2 + 5y}{12} = t$，那么

$$x = 14 - 3y + t$$

$$2 + 5y = 12t$$

所以

$$y = \frac{-2 + 12t}{5}$$

$$= 2t - \frac{2(1 - t)}{5}$$

设 $\dfrac{1-t}{5}=t_1$，那么

$$y = 2t - 2t_1$$
$$= 2(1 - 5t_1) - 2t_1$$
$$= 2 - 12t_1$$
$$x = 14 - 3(2 - 12t_1) + 1 - 5t_1$$
$$= 9 + 31t_1$$

由于 $0 < x \leqslant 31$，$0 < y \leqslant 12$，解不等式可得：

$$-\dfrac{9}{31} < t_1 < \dfrac{1}{6}$$

所以

$$t_1 = 0，\ x = 9，\ y = 2$$

也就是说，这个同学的生日是 2 月 9 日。

除了这个解法之外，我们还可以用另外一种解法来解这道题。我们把那个同学告诉我们的数字设为 a，那么求他的生日时所列的方程就是

$$12x + 31y = a$$

因为 $(12x + 24y)$ 可以被 12 整除，所以 $7y$ 除以 12 以后所得的余数与 a 除以 12 以后所得的余数相等。把 $7y$ 和 a 分别乘以 7，所得的结果分别是 $49y$ 和 $7a$，它们除以 12 以后，所得的余数也相等。又因为 $49y = 48y + y$，而 $48y$ 能被 12 整除，所以 y 和 $7a$ 除以 12 以后，所得的余数相等。换言之，如果 a 不能被 12 整除，那么 y 的值就是 $7a$ 除以 12 之后所得的余数；而如果 a 可以被 12 整除，那么 y 的值就是 12。

所以，当你的玩伴告诉你最终的数字 a 后，你就能求出 y 的值了，有了

y 的值，求 x 的值就非常容易了。

为了便于计算，在求 $7a$ 除以 12 的余数之前，我们可以用 a 除以 12 所得的余数来代替 a。例如，当你的玩伴告诉你最终的数字是 170 时，我们就可以默默地在心里完成如下的运算步骤：

$$170 = 12 \times 14 + 2 (余数等于 2)$$

$$2 \times 7 = 14$$

$$14 = 12 \times 1 + 2 (y = 2)$$

$$x = \frac{170 - 31y}{12} = \frac{170 - 31 \times 2}{12} = \frac{108}{12} = 9 (x = 9)$$

完成这些计算之后，你就可以告诉你的玩伴，他的生日是 2 月 9 日。

接下来，我们再来证明一下，无论在什么情况下，这个游戏都可以完成。也就是说，这个方程总是只有一组符合条件的解。仍然假设你的玩伴告诉你的那个数字为 a，那么如果要求他的生日，就要解出方程

$$12x + 31y = a$$

我们可以用"反证法"来证明这个结论。首先，假设这个方程有两组符合条件的解，它们分别是 x_1、y_1 和 x_2、y_2，而且 x_1，x_2 均不大于 31，y_1，y_2 均不大于 12。据此我们可以列出如下等式：

$$12x_1 + 31y_1 = a$$

$$12x_2 + 31y_2 = a$$

用第一个等式减第二个等式，可得：

$$12(x_1 - x_2) + 31(y_1 - y_2) = 0$$

由这个等式可知，$12(x_1 - x_2)$ 能被 31 整除。又因为 x_1，x_2 都是小于等于 31 的整数，所以它们的差小于 31。据此我们可以推断出，它们的差只能

是 0，即 $x_1 = x_2$。这就说明这个方程有两个解的假设是不成立的。也就是说，这个方程只有一组符合条件的解。

4.6　三姐妹卖母鸡

[题]　三姐妹带着母鸡到集市上去卖。第一个人带了 10 只，第二个人带了 16 只，第三个人带了 26 只。上午，她们各自按同样的价钱卖出了一部分鸡。到下午的时候，由于担心卖不完，她们便适当降低了价格，然后仍以同样的价钱卖完了剩下的鸡。回家的时候，每个人手里的钱都是 35 卢布。

问：她们上、下午卖鸡的价格分别是多少？

[解]　设三姐妹上午所卖出的鸡的数量分别为 x，y，z。由题意可以推断出，她们下午所卖的鸡的只数分别为：（$10 - x$），（$16 - y$），（$26 - z$）。再设上午卖鸡的价格为 m，下午卖鸡的价格为 n。

据此，我们可以计算出三姐妹中的第一个人卖得的钱为：

$$mx + n(10 - x)$$

第二个人卖得的钱为：

$$my + n(16 - y)$$

第三个人卖得的钱为：

$$mz + n(26 - z)$$

由于三人所卖的钱均为 35 卢布，经过对上面式子的一些处理，我们可以写出下面这三个方程：

$$\begin{cases} (m-n)x+10n=35 \\ (m-n)y+16n=35 \\ (m-n)z+26n=35 \end{cases}$$

先用第三个方程减去第一个方程，然后用第三个方程减去第二个方程，我们可以得到如下方程组：

$$\begin{cases} (m-n)(x-z)=16n \\ (m-n)(y-z)=10n \end{cases}$$

用上面方程组中的第一个方程除以第二个方程，我们可以得到：

$$\frac{x-z}{y-z}=\frac{8}{5}$$

或者

$$\frac{x-z}{8}=\frac{y-z}{5}$$

由于 x，y，z 都是正整数，所以 $(x-z)$、$(y-z)$ 的值也都是整数。

要使 $\frac{x-z}{8}=\frac{y-z}{5}$ 成立，需要满足两个条件：$(x-z)$ 必须能被 8 整除，$(y-z)$ 必须能被 5 整除。

设 $\frac{x-z}{8}=t=\frac{y-z}{5}$，那么

$$x=z+8t$$

$$y=z+5t$$

由于 $x>z$，而且三个人拿到的钱一样多，所以 t 不仅是一个整数，而且必须是一个正数。

又因为

$$x < 10$$

所以

$$z + 8t < 10$$

由于 z 和 t 必须取正整数，所以要使不等式成立，z 和 t 必须同时取 1。

把 z 和 t 的值代入方程

$$x = z + 8t$$

$$y = z + 5t$$

可以得出：

$$x = 9，y = 6$$

将 x，y 的值代入下面的方程组：

$$\begin{cases} mx + n(10 - x) = 35 \\ my + n(16 - y) = 35 \\ mz + n(26 - z) = 35 \end{cases}$$

可以求出：

$$m = 3\frac{3}{4} = 3.75$$

$$n = 1\frac{1}{4} = 1.25$$

也就是说，上午时，鸡的售价是每只 3 卢布 75 戈比，下午时，鸡的售价是每只 1 卢布 25 戈比。

4.7 巧推未知数

[题] 在 4.6 节的题目中，由于涉及的方程和未知数非常多，有三个方

程和五个未知数，所以我们使用了数学的自由思考来解答这道题，而没有按照常规的方法来解答。现在我们要用类似的方法来解答下面这些用到二次不定方程的题目。

其中有一道题是这样的：

对两个正整数进行以下运算：

（1）把两数相加；

（2）用大数减小数；

（3）把两数相乘；

（4）用小数去除较大的数。

把上面四种运算所得的结果加起来等于 243。试求这两个数分别是多少。

[**解**] 为了解这道题，我们可以设大数为 x，小数为 y，根据题意可以列出下面的方程：

$$(x+y)+(x-y)+xy+\frac{x}{y}=243$$

对这个方程进行一些处理，可得：

$$x(2y+y^2+1)=243y$$

由于

$$2y+y^2+1=(y+1)^2$$

而且 y 和 $(y+1)$ 不可能有公因数。所以为了使 x 为整数，243 必须能被 $(y+1)^2$ 整除。又因为，$243=3^5$，据此我们可以判断出，能够整除 243 的完全平方数只有这几种情况：1，3^2，9^2。也就是说，$(y+1)^2$ 应该等于 1，3^2 或 9^2。由于 y 是正整数，所以我们可以推算出，y 的值应该为 2 或 8。

那么根据 y 的值可以求出：

$$x = \frac{243 \times 8}{81} \text{或} \frac{243 \times 2}{9}$$

也就是说，所求的数应该是 24 和 8 或者 54 和 2。

4.8 矩形的边长

[题] 边长是整数的矩形，如果它的周长恰好等于面积，那么它的长和宽分别是多少？

[解] 设这个矩形的长和宽分别为 x 和 y，则有：

$$2(x + y) = xy$$

将上式中的 x 用 y 表示，可得

$$x = \frac{2y}{y - 2}$$

由于 y 是正整数，要使 x 也为正整数，则必须使（$y - 2$）为正数，即 y 应该大于 2。

又因为

$$x = \frac{2y}{y - 2} = \frac{2(y - 2) + 4}{y - 2}$$

$$= 2 + \frac{4}{y - 2}$$

由于 x 为正整数，所以 $\frac{4}{y - 2}$ 也应当是整数。又由于 $y > 2$，所以 y 的所有可能取值依次是 3，4，6。相应的 x 可能取的值也就是 6，4，3。

由此可见，所求的图形有两种情况：一种是长为 6、宽为 3 的长方形；另一种是边长为 4 的正方形。

4.9　有意思的两位数

[题]　有这样一些成对的两位数，当我们把它们的十位数字和个位数字对调时，它们的乘积是不变的，例如，46 和 96：

$$46 \times 96 = 4\,416 = 64 \times 69$$

除了 46 和 96 之外，还有哪些成对的两位数也具有这样的性质呢？下面我们就来计算一下。

[解]　设这样两个数的十位数字分别为 x 和 z，个位数字分别为 y 和 t，根据题意我们可以列出方程：

$$(10x + y)(10z + t) = (10y + x)(10t + z)$$

化简以后，可得：

$$xz = yt$$

其中，x，y，z，t 均为小于 10 的正整数。为了求出符合条件的解，我们可以找出从 1 到 9 的 9 个数字中所有乘积相等的每一对数字：

$$1 \times 4 = 2 \times 2, \ 1 \times 6 = 2 \times 3$$

$$1 \times 8 = 2 \times 4, \ 1 \times 9 = 3 \times 3$$

$$2 \times 6 = 3 \times 4, \ 2 \times 8 = 4 \times 4$$

$$2 \times 9 = 3 \times 6, \ 3 \times 8 = 4 \times 6$$

$$4 \times 9 = 6 \times 6$$

一共有 9 个符合条件的等式。从每个等式中，我们可以得出一组或者两组符合条件的数字。例如，对于等式

$$1 \times 4 = 2 \times 2$$

来说，我们可以找出这样一组符合条件的数字：

$$12 \times 42 = 21 \times 24$$

对于等式

$$1 \times 6 = 2 \times 3$$

来说，我们可以找出两组符合条件的数字：

$$12 \times 63 = 21 \times 36, \quad 13 \times 62 = 31 \times 26$$

一直进行下去，我们一共能找到 14 组十位数字和个位数字对调后，乘积仍然不变的数：

$$12 \times 42 = 21 \times 24, \quad 23 \times 96 = 32 \times 69$$

$$12 \times 63 = 21 \times 36, \quad 24 \times 63 = 42 \times 36$$

$$12 \times 84 = 21 \times 48, \quad 24 \times 84 = 42 \times 48$$

$$13 \times 62 = 31 \times 26, \quad 26 \times 93 = 62 \times 39$$

$$13 \times 93 = 31 \times 39, \quad 34 \times 86 = 43 \times 68$$

$$14 \times 82 = 41 \times 28, \quad 36 \times 84 = 63 \times 48$$

$$23 \times 64 = 32 \times 46, \quad 46 \times 96 = 64 \times 69$$

4.10　勾股定理

　　土地测量员曾用一种既简便又精确的方法在地面上画垂线。具体操作步骤如下：如图 4 – 3 所示，如果要作的是一条通过点 A 而且垂直于 MN 的直线，那么我们只需要从 A 点出发，沿 AM 方向取 3a，其中 a 为任意长度。然后找一条绳子，在绳子上打三个结，而且使相邻两个结之间的距离分别为 4a 和 5a。再将绳子的两端分别固定在 A 和 B 的位置，在位于中间的结点处将绳子拉紧。这个时候角 A 就形成了一个直角，AC 就是所求的垂直于 MN 的直线。

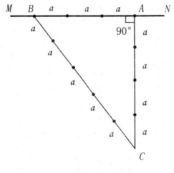

图 4 – 3

　　这是个非常古老的方法，甚至几千年前埃及的建筑师在修造埃及金字塔的时候就已经用过了。它的原理非常简单，按照勾股定理可以轻易地判断出来，任意一个三边成 3∶4∶5 的比例的三角形，都一定是一个直角三角形，因为

$$3^2 + 4^2 = 5^2$$

除了 3，4，5，还有很多正整数 a，b，c 能够满足下面的关系式：

$$a^2 + b^2 = c^2$$

根据"勾股定理"，符合上述关系式的数字也就是"勾股数"，在这些数字中，a 和 b 可以作为直角边的边长，因此，它们也被叫作"直角边""勾""股"，而 c 被叫作"斜边"或者"弦"。

如果 a，b，c 是三个整数勾股数，那么显而易见，当 p 是一个整乘数时，pa，pb，pc 也是整数勾股数。反过来说，假如有这样一组整数勾股数，它们拥有一个共同的乘数，那么当我们用这个共同的乘数去除这组勾股数时，所得到的也肯定是一组新的整数勾股数。因此，我们可以只讨论最简单的勾股数，也就是三个整数互为素数的勾股数。

如果一个直角三角形的两个直角边 a 和 b 都是偶数，那么 $(a^2 + b^2)$ 也一定是偶数，这就意味着这个直角三角形的斜边 c 也是偶数。这时，a，b，c 就有了公因数，这样的三角形就不是我们所要求的三个整数互为素数的勾股数。

还有一种情况，那就是：两条直角边都是奇数，而斜边是偶数。我们可以证明一下：设两条直角边分别为 $(2x+1)$ 和 $(2y+1)$。那么，我们可以求得，它们的平方和为：

$$4x^2 + 4x + 1 + 4y^2 + 4y + 1 = 4(x^2 + x + y^2 + y) + 2$$

这个数字是一个偶数，它可以被 4 除余 2。很明显，它不是一个偶数的平方，因为所有偶数的平方都可以被 4 整除。所以，这种假设也是不成立的。

　　由此可见，我们所要求的直角三角形肯定有一条直角边长是偶数，另一条直角边长是奇数。这时，由于 $(a^2 + b^2)$ 是一个奇数，所以斜边长也应该是一个奇数。

　　假设在两条直角边中，a 是奇数，b 是偶数。根据勾股定理，很容易得出：

$$a^2 = c^2 - b^2 = (c + b)(c - b)$$

等式右边的 $(c + b)$ 和 $(c - b)$ 是互为素数的两个整数。

　　对于上面的结论，可以用反证法证明。假设除 1 之外，这两个数有一个其他的公因数，那么对于这两个数来说，它们的和

$$(c + b) + (c - b) = 2c$$

它们的差

$$(c + b) - (c - b) = 2b$$

以及它们的积

$$(c + b)(c - b) = a^2$$

就有一个公因数。也就是说，$2c$，$2b$，a^2 有一个公因数。又因为 a 是一个奇数，所以，这个公因数也不可能是 2。这也就是说，a，b，c 有一个公因数，与题意相矛盾。所以，$(c + b)$ 和 $(c - b)$ 是互为素数的两个数。

　　如果互为素数的两个数的乘积是一个数的平方，那么这两个数本身肯定就是完全平方数。我们可以设

$$\begin{cases} c + b = m^2 \\ c - b = n^2 \end{cases}$$

解这个方程组，可以得出：

$$c = \frac{m^2 + n^2}{2}$$

$$b = \frac{m^2 - n^2}{2}$$

$$a^2 = (c + b)(c - b) = m^2 n^2$$

$$a = mn$$

由此可以看出，当 m 和 n 是一对互为素数的奇数时，我们所讨论的整数勾股数就可以表示为下面的形式：

$$a = mn, \quad b = \frac{m^2 - n^2}{2}, \quad c = \frac{m^2 + n^2}{2}$$

反过来说，对于任意的互为素数的奇数 m 和 n，我们都能利用上面的公式给出一组（3 个）整数勾股数 a，b，c。

下面是对于不同的 m 和 n，我们所得出的 100 以内符合条件的所有整数勾股数：

$$m = 3, \quad n = 1, \quad 3^2 + 4^2 = 5^2$$

$$m = 5, \quad n = 1, \quad 5^2 + 12^2 = 13^2$$

$$m = 7, \quad n = 1, \quad 7^2 + 24^2 = 25^2$$

$$m = 9, \quad n = 1, \quad 9^2 + 40^2 = 41^2$$

$$m = 11, \quad n = 1, \quad 11^2 + 60^2 = 61^2$$

$$m = 13, \quad n = 1, \quad 13^2 + 84^2 = 85^2$$

$$m = 5, \quad n = 3, \quad 15^2 + 8^2 = 17^2$$

$$m = 7, \quad n = 3, \quad 21^2 + 20^2 = 29^2$$

$$m = 9, \quad n = 3, \quad 27^2 + 36^2 = 45^2$$

$$m = 11, \quad n = 3, \quad 33^2 + 56^2 = 65^2$$

$$m=13, \quad n=3, \quad 39^2+80^2=89^2$$

$$m=9, \quad n=5, \quad 45^2+28^2=53^2$$

$$m=11, \quad n=5, \quad 55^2+48^2=73^2$$

$$m=13, \quad n=5, \quad 65^2+72^2=97^2$$

$$m=9, \quad n=7, \quad 63^2+16^2=65^2$$

$$m=11, \quad n=7, \quad 77^2+36^2=85^2$$

勾股数有许多非常有意思的特性，例如：

如果一个直角三角形的一条直角边小于3，另一条直角边小于4。那么，它的斜边应该小于5。

在此我们就不对这个特性进行证明了，如果你感兴趣的话，可以利用我们上面所列举的勾股数来验证一下。

4.11　伟大的费马猜想

曾经，有人悬赏十万马克来证明一个被称为"伟大的费马猜想"或者"费马定理"的命题。这是一个由17世纪著名数学家费马提出的关于不定方程的一个猜想。虽然奖金非常高，但是时至今日，数学界依然没有给出答案。

"费马定理"要证明的就是：除了二次方之外，任何两个整数的同次方的和都不可能是第三个整数的同次方。

换句话说，也就是要证明

$$x^n + y^n = z^n$$

在 $n > 2$ 的情况下，没有整数解。

通过简单的证明，我们就能知道，方程

$$x^2 + y^2 = z^2$$

$$x^3 + y^3 + z^3 = t^3$$

都有无穷多个整数解。但是，如果我们想试图找到能够满足 $x^3 + y^3 = z^3$ 的三个正整数，所有的努力都是徒劳的。

同样，寻找更高次数的方程的解也是白白费力。所有这些情况都表明"伟大的费马猜想"是正确的。

要想获得巨额的悬赏，那么就必须证明出"费马定理"对于一切二次以上的乘方都是成立的。这样的证明非常困难。

这个猜想从提出到现在，已经过去了三个世纪，许多伟大的数学家都曾经试图证明这个猜想，但即使是最好的情况，也只是能证明出个别的指数，而不能找出适用于任何整数指数的证明方法。直到现在，数学家们还没有成功证明出这个猜想。[①]

在刁潘都著作的边上，人们发现了这样一句话："我已经找到了证明这一猜想的方法，但是这里地方太小，写不下了。"这是费马[②]留下的标注。可见，他本人曾经证明出了此题，但是后来这种奇妙的证明方法没有被保留下来。而且除了刁潘都著作边上的这句话之外，在费马的文稿、书信集

---

① 译者注：1995 年，已被英国数学家怀尔斯（Wiles）证明。

② 费马（1601—1665）的专业是法律，曾担任议会参事。但是他对数学很感兴趣，利用业余时间研究数学，并有许多重要的发现。但这些发现他没有发表出来，只是写信告诉他那些学者朋友们，如笛卡儿、帕斯卡、惠更斯·罗贝瓦尔等。

里，以及其他任何地方都没有找到关于这个证明的痕迹。

　　之后，很多数学家都曾想方设法来证明这个伟大的猜想。他们都取得了一些成果，例如：1797 年，欧拉证明了费马定理的三次方和四次方；1823 年，勒让德证明了它的五次方；1840 年，拉梅和勒贝格证明了它的七次方；1849 年，库默甚至证明出了一百以下的一切指数。这些人在证明费马猜想时，用到的一些知识甚至已经远远超出了费马当时的数学知识范围。所以，费马对于自己的"伟大猜想"是如何证明的，一直是个神秘的问题。

　　如果你对"伟大的费马猜想"感兴趣的话，可以去查阅一下由 A. 辛钦编写的《伟大的费马定律》。这本书里面除了有许多关于"费马猜想"的有趣历史之外，还有一些对这个问题现状的分析。

Chapter 5

第六种数学运算

5.1　乘方的逆运算

以前的代数式在我们今天看来，非常难以识别。那时加号和减号还没有通用，分别用字母 p 和 m 表示。而我们现在用的括弧，那个时候是用"$\lfloor\ \rfloor$"来表示的。

开方是乘方的逆运算，现在我们用根号来表示。但是在 16 世纪时，根号不是这样写的。下面我们就以一个用 16 世纪的方法表示的数字为例，来了解一下那时开方的表示方法。

$$R.\ q.\ 4\ 352$$

其中大写字母 R 表示的是根号。R 后面所跟的 q 是拉丁文"平方"的第一个字母。如果要写的是一个开三次方的数字，那么这个 q 就得换成"立方"的第一个字母 c 了。上面的这个数字如果用我们现在常用的方式来表示，就是 $\sqrt{4\ 352}$。

在古代数学家邦贝利（1572 年）的一本书里，有这样一个现在的我们完全无法理解的式子：

$$R.\ c\lfloor R.\ q.\ 4\ 352p.\ 16\rfloor m.\ R.\ c.\ \lfloor R.\ q.\ 4\ 352m.\ 16\rfloor$$

将它翻译成现代的式子，就是

$$\sqrt[3]{\sqrt{4\ 352+16}}-\sqrt[3]{\sqrt{4\ 352-16}}$$

表示方式的不同让我们觉得邦贝利的式子非常复杂。

开方除了可以用 $\sqrt[n]{a}$ 这样的方式表示之外，还可以用另一种方式来表示，那就是由 16 世纪著名荷兰数学家斯台文提出的符号 $a^{\frac{1}{n}}$。这种表示方式不仅看上去一目了然，而且还非常明确地指出了方根就是指数，是分数的乘方。

我们已经知道，加法和乘法都只有一种逆运算，即减法和除法，但是乘方却有开方和对数两种逆运算，这是为什么呢？

这其实是因为，对于加法和乘法来说，参与运算的两个数字所起的作用是一样的，我们在计算过程中对它们采取的方法也是一样的。因此，互换它们的位置对运算的结果没有任何影响。例如 $3+5=5+3=8$，$2\times 6=6\times 2=12$。但是对于乘方来说，情况就完全不一样了。乘方的指数和底数起着完全不同的作用，在运算过程中，我们对它们的处理方法也不同。所以，一般情况下，它们互换位置以后，得到的结果是完全不同的。例如，$6^2 \neq 2^6$。

5.2 哪个数字更大

[题] 比较 $\sqrt[5]{5}$ 和 $\sqrt{2}$ 哪个更大。

对于这道题和以下各题，我们都可以利用代数的方法来进行解答，不必计算出方根的数值，只需比较出大小就行了。

[解] 求这两个式子的 10 次方，可得：

$$(\sqrt[5]{5})^{10} = 5^2 = 25 \text{，} (\sqrt{2})^{10} = 2^5 = 32$$

由于 $32 > 25$，所以

$$\sqrt{2} > \sqrt[5]{5}$$

[**题**] 比较$\sqrt[4]{4}$和$\sqrt[7]{7}$哪个更大。

[**解**] 求这两个式子的 28 次方，可得：

$$(\sqrt[4]{4})^{28} = 4^7 = 2^{14} = 2^7 \times 2^7 = 128^2$$

$$(\sqrt[7]{7})^{28} = 7^4 = 7^2 \times 7^2 = 49^2$$

由于 $128 > 49$，所以

$$\sqrt[4]{4} > \sqrt[7]{7}$$

[**题**] 比较$\sqrt{7} + \sqrt{10}$和$\sqrt{3} + \sqrt{19}$哪个更大。

[**解**] 首先，求两个式子的平方，可得：

$$(\sqrt{7} + \sqrt{10})^2 = 17 + 2\sqrt{70}$$

$$(\sqrt{3} + \sqrt{19})^2 = 22 + 2\sqrt{57}$$

将所得的两个式子同时减去 17，可得：

$$2\sqrt{70} \text{ 和 } 5 + 2\sqrt{57}$$

再求它们的平方，可得：

$$280 \text{ 和 } 253 + 20\sqrt{57}$$

将得到的两个式子都减去 253，然后比较 27 和 $20\sqrt{57}$ 的大小。由于

$$\sqrt{57} > 2$$

所以

$$20\sqrt{57} > 40 > 27$$

所以

$$\sqrt{3} + \sqrt{19} > \sqrt{7} + \sqrt{10}$$

5.3 你能看出答案吗

[题] 认真观察下面这个方程

$$x^{x^3} = 3$$

求出 x 的值。

[解] 对于熟悉代数符号的人来说，这个问题非常简单，很轻易就能看出来：

$$x = \sqrt[3]{3}$$

因为当 $x = \sqrt[3]{3}$ 时，

$$x^3 = (\sqrt[3]{3})^3 = 3$$
$$x^{x^3} = x^3 = 3$$

所以，$x = \sqrt[3]{3}$ 就是所求的解。

对于那些不能一眼看出答案的人，我们可以用下面的方法来求 x 的值：

首先，设

$$x^3 = y$$

那么

$$x = \sqrt[3]{y}$$

这样，这个方程就可以转化成这样的形式：

$$(\sqrt[3]{y})^y = 3$$

等式两边都 3 次方，可得：

$$y^y = 3^3$$

显然 $y = 3$，因此

$$x = \sqrt[3]{y} = \sqrt[3]{3}$$

5.4　数学领域里的滑稽剧

[题] 在数学运算中，有一些错误非常浅显，只要我们说明了，每个人都能理解。但往往也是一些非常浅显的错误，对我们的迷惑却很大。我们顺着看似正确的思路一步一步推断，觉得每一步都没有问题，但是最终的结果却错得非常离谱。下面我们就来见识一下数学运算中迷惑我们的滑稽剧吧。

第一出：

$$2 = 3$$

先在台上摆出一个无可争辩的等式：

$$4 - 10 = 9 - 15$$

然后，在上面等式的两边同时加 $6\frac{1}{4}$：

$$4 - 10 + 6\frac{1}{4} = 9 - 15 + 6\frac{1}{4}$$

之后，将这个等式化为如下的形式：

$$2^2 - 2 \times 2 \times \frac{5}{2} + \left(\frac{5}{2}\right)^2 = 3^2 - 2 \times 3 \times \frac{5}{2} + \left(\frac{5}{2}\right)^2$$

然后再经历下面的变化：

$$\left(2 - \frac{5}{2}\right)^2 = \left(3 - \frac{5}{2}\right)^2$$

开平方之后，得

$$2 - \frac{5}{2} = 3 - \frac{5}{2}$$

在等式两边同时加上 $\frac{5}{2}$，得

$$2 = 3$$

这个结果显然是错误的，但是问题究竟出在哪里呢？

[解] 其实错误就隐藏在下面这一步：

我们从

$$\left(2 - \frac{5}{2}\right)^2 = \left(3 - \frac{5}{2}\right)^2$$

得出 $2 - \frac{5}{2} = 3 - \frac{5}{2}$ 这个结果是错误的。从两个数的二次方相等并不能推出两个数的一次方相等。因为除了相等之外，还存在相反的情况。上面这个例子中的两个数就不是相等而是相反的情况：

所以

$$\left(-\frac{1}{2}\right)^2 = {\frac{1}{2}}^2$$

但是，$-\frac{1}{2}$ 却并不等于 $\frac{1}{2}$。

[题] 再看一下另外一出代数滑稽剧

$$2 \times 2 = 5$$

仍然按照前面的手法来表演。在台上，先给出一个无可争辩的等式：

$$16 - 36 = 25 - 45$$

然后，等式两边同时加 $20\frac{1}{4}$，等式就变成了：

$$16 - 36 + 20\frac{1}{4} = 25 - 45 + 20\frac{1}{4}$$

再按照下面的步骤变换等式：

$$4^2 - 2 \times 4 \times \frac{9}{2} + \left(\frac{9}{2}\right)^2 = 5^2 - 2 \times 5 \times \frac{9}{2} + \left(\frac{9}{2}\right)^2$$

$$\left(4 - \frac{9}{2}\right)^2 = \left(5 - \frac{9}{2}\right)^2$$

进而得出结果：

$$4 - \frac{9}{2} = 5 - \frac{9}{2}$$

$$4 = 5$$

$$2 \times 2 = 5$$

因此，初学数学的人在处理包含根号的未知数的方程时，必须非常小心，以防出现这种滑稽的情况。

Chapter 6

二次方程

6.1　参加会议的人数问题

[题]　参加会议的每个人都要跟其他所有的人握手。据统计，在一次会议上，握手的总次数是 66 次。那么，到会的人数一共有多少呢？

[解]　如果用代数的方法来解这道题，那么会非常简单。设到会的人数为 x，那么每个人握手的次数均为 $(x-1)$。又由于，一个人握另一个人的手时，另一个人也在握他的手，这整个过程只能算一次握手。所以，握手的总次数应该是 $x(x-1)$ 的一半。根据题意，我们可以列出如下方程：

$$\frac{x(x-1)}{2} = 66$$

经过变化，可得

$$x^2 - x - 132 = 0$$

解这个方程，可得

$$x = 12 \text{ 或 } x = -11$$

由于人数不可能为负值，所以 $x = -11$ 时，没有意义。也就是说，参加会议的人数应该是 12 人。

6.2 蜂群中有多少只蜜蜂

在古印度，人们以公开赛的方式解决难解的题目。这种类似于竞技的活动非常有利于激发人们解决问题的热情。下面这道题目便摘自一本以指导智力比赛为目的的古印度教材。

[题] 有一群蜜蜂在花间飞舞，其中，占总数一半的平方根的蜜蜂被茉莉花香味吸引，飞进了茉莉花丛中。还有占总数 $\frac{8}{9}$ 的蜜蜂留在了后面。另外还有一只脱离了集体，独自在一朵莲花旁边徘徊。问这个蜂群中一共有多少只蜜蜂？

[解] 设这群蜜蜂一共有 x 只。根据题意我们可以列出方程：

$$\sqrt{\frac{x}{2}} + \frac{8}{9}x + 2 = x$$

为了简化计算步骤，我们令 $x = 2y^2$，这时候方程就变成了下面的形式：

$$y + \frac{16y^2}{9} + 2 = 2y^2，或 2y^2 - 9y - 18 = 0$$

解方程，可得：

$$y_1 = 6，\quad y_2 = -\frac{3}{2}$$

据此，可以求出 x 的值：

$$x_1 = 72，\quad x_2 = 4.5$$

由于蜜蜂的只数只能是正整数，所以，$x_1 = 72$ 是本题的解。我们可以通过如下方式来检验一下这个解是否正确：

$$\sqrt{\frac{72}{2} + \frac{8}{9} \times 72} + 2 = 6 + 64 + 2 = 72$$

所以，这群蜜蜂一共有 72 只。

6.3　顽皮的猴子

[题] 下面再来看一道古印度的题目，我们可以直接用诗歌的形式来讲：

一群猴子很顽皮，

分成两队做游戏。

八分之一再平方，

树林作为游乐场。

其余十二叫吱吱，

陪着伙伴活跃起。

两队猴子真吵闹，

试问总数共多少？

[解] 设两队猴子的总数为 x，根据题意可以列出方程：

$$\left(\frac{x}{8}\right)^2 + 12 = x$$

解这个方程可得：

$$x_1 = 48，x_2 = 16$$

这两个解都符合题目要求。因此这群猴子可能有 48 只，也可能有 16 只。

6.4　会预言的方程

在我们前面所讨论的几个例子中，由于题目的条件和要求，我们对得到的方程的两个解进行了不同的处理。在 6.1 节的题中，由于求的是参加会议的人数，我们舍弃了方程的负数解；在 6.2 节的题中，由于求的是蜜蜂的只数，所以我们去掉了分数解；在 6.3 节的题中，由于两个解都符合题目要求，所以两个解同时采用了。第二个解的存在有时会起到出人意料的作用。现在我们就来举一个非常有预见性的例子。

[题] 以每秒 25 米的初速度向上抛起一个球，请问几秒后它离抛出点的距离是 20 米？

[解] 根据力学原理，对于向上抛起的物体，在不考虑空气阻力的情况下，有如下的关系式：

$$h = vt - \frac{1}{2}gt^2$$

其中，h 为物体与抛出点的距离；v 为抛出的初始速度；g 为重力加速度；t 为抛出后所经历的时间。

由于在速度不大的情况下，空气的阻力非常小，所以，我们可以把空气的阻力忽略不计。同时为了让计算变得更简便，我们将 g 的值取为 10 米/秒^2，这与 9.8 米/秒^2 只差了 2%。把 h、v 和 g 的值代入上面的公式，可以得到如下方程：

$$20 = 25t - \frac{10t^2}{2}$$

经过化简，得：

$$t^2 - 5t + 4 = 0$$

解这个方程可以求出：

$$t_1 = 1，\ t_2 = 4$$

这样的解说明，皮球在 1 秒后和 4 秒后都会处于离抛出点 20 米高的地方。

乍一看，我们会觉得这样的结果难以置信，并且会因为认为第二个解没有意义而毫不犹豫地舍弃它。但是这样的做法是不正确的。第二个解完全是有意义的，皮球确实会二次处于离抛出点 20 米高的地方，这两次分别是在上升的过程中和升至最高点后下落的过程中。由于皮球抛出时的初速度是每秒 25 米，所以上升的时间应该是 2.5 秒，2.5 秒之后，皮球到达离地面 31.25 米的地方，然后开始下落。也就是说，皮球被抛出 1 秒之后，到达离抛出点 20 米高的地方，之后还要继续向上升 1.5 秒，然后再用 1.5 秒回到离抛出点 20 米高的地方，又经过 1 秒，重新回到原来的抛出点。

6.5　欧拉的问题

司汤达曾在他的自传中提到过欧拉的一道题，这道题对他的影响非常大，让他明白了利用代数这种工具的重要意义。下面就是欧拉在他的《代数学入门》中所提出的那道让司汤达印象深刻的题目：

[题] 两个农妇带着鸡蛋去赶集，她们带的鸡蛋的总数量是100枚。虽然她们带的鸡蛋数量不一样多，但是，最终两个人卖鸡蛋所得的钱数却一样多。于是，第一个农妇对第二个农妇说："如果让我来卖你的鸡蛋，我可以卖得15个铜板。"第二个回答道："如果让我来卖你的鸡蛋，我只能卖得 $6\frac{2}{3}$ 个铜板。"问：每个农妇各带了多少枚鸡蛋？

[解] 设第一个农妇有 x 枚鸡蛋，根据题意，我们可以推断出，第二个农妇带了（$100-x$）枚鸡蛋。由于第一个农妇说，如果让她来卖第二个农妇的鸡蛋，那么她可以卖15个铜板，也就是说，第一个农妇卖鸡蛋时，售价是每枚鸡蛋

$$\frac{15}{100-x}$$

个铜板。

用同样的方法可以求出第二个农妇卖鸡蛋时，售价是每枚鸡蛋

$$6\frac{2}{3} \div x = \frac{20}{3x}$$

个铜板。

据此，我们可以写出每个农妇实际卖得的钱数：

第一个：

$$x \times \frac{15}{100-x} = \frac{15x}{100-x}$$

第二个：

$$(100-x) \times \frac{20}{3x} = \frac{20(100-x)}{3x}$$

又因为两人所得的钱数相等，所以我们可以列出如下方程：

$$\frac{15x}{100-x} = \frac{20(100-x)}{3x}$$

经过化简，可得：

$$x^2 + 160x - 8\ 000 = 0$$

解方程，得：

$$x_1 = 40,\ x_2 = -200$$

由于题目求的是两个农妇所带的鸡蛋的数量，所以负数解是没有意义的。所以，这道题只有 $x = 40$ 一个解。也就是说，第一个农妇带的鸡蛋的数量是 40 枚；第二个农妇带的鸡蛋的数量是 60 枚。

其实，这道题目还有另外一种更为简单的解法。这种解法非常巧妙，但是却不容易想到。

首先，设第一个农妇带了 x 枚鸡蛋，她每枚鸡蛋所卖的钱数为 y；第二个农妇带了 kx 枚鸡蛋。由于两个农妇最终所卖得的钱一样多，所以，第二个农妇每枚鸡蛋所卖的钱数应该为 $\frac{y}{k}$，而且她们俩卖得的总钱数均为 xy。她们交换了手中的鸡蛋以后，第一个农妇卖得的钱数为 kxy，第二个农妇卖得的钱数为 $\frac{xy}{k}$，也就是说，第一个农妇卖得的钱数是第二个农妇的 k^2 倍。据此，我们可以列出下面的方程：

$$k^2 = 15 \div 6\frac{2}{3} = \frac{45}{20} = \frac{9}{4}$$

解得：

$$k = \frac{3}{2}$$

这样，我们很容易就能求出，第一个农妇带的鸡蛋的数量是 40 枚，第二个农妇带的鸡蛋的数量是 60 枚。

6.6 广场上的扬声器

[题] 广场上一共有 5 个扬声器，分为两组：一组 2 个，另一组 3 个。两组扬声器相距 50 米。问：在什么地方两组扬声器的声音听起来强弱一样？

[解] 设所求点与有 2 个扬声器那一组之间的距离为 x 米，那么，所求点与 3 个扬声器那一组之间的距离就是 $(50-x)$ 米。我们知道，声音的强弱与距离的二次方成反比，据此，可以列出如下方程：

$$\frac{2}{3}=\frac{x^2}{(50-x)^2}$$

化简之后，变为如下形式：

$$x^2+200x-5\,000=0$$

解这个方程，可以得出：

$$x_1=22.5，x_2=-222.5$$

这道题的正数解无疑是有意义的，它表明，在离 2 个扬声器那一组设备 22.5 米的地方，声音的强度相同，据此我们不难推断出，这个点离 3 个扬声器那一组设备的距离为 27.5 米。

那么这个方程的负数解有没有意义呢？

答案是肯定的。在这道题中，负数解表明所求出的声音听起来强度相同的点所在的方位与列方程的时候所规定的正方向方向相反。因此，第二个声音听起来强弱相同的点在离 2 个扬声器那一组设备 222.5 米的地方，这个地方与 3 个扬声器那一组设备的距离是 222.5 + 50 = 272.5 米。

通过这种方法，我们在连接两组扬声器的直线上找到了两个声音强度一样的点。除了这两个点之外，在这条直线外还有许多这样的点。所有的这些点可以组成一个圆，而之前我们求出的这两个点就在这个圆上，而且恰好是它直径的两端。在这个圆内，2 个扬声器的那组设备听起来比 3 个扬声器那组设备强度大，而在这个圆的外面，所听到的情况则正好相反。

6.7　《口算》中的"难题"

很多人看过波罗丹诺夫·别尔斯基的名画《口算》（图 6 – 1），但对于画上所示的"难题"，却鲜有人进行深入的探究。这道题要求用口算很快地求出下面这个式子的结果：

$$\frac{10^2 + 11^2 + 12^2 + 13^2 + 14^2}{365}$$

这道题看上去并不容易解答，但是有一位老师所教的学生们却能非常轻易地做出这道题。这位老师就是《口算》这幅画的主角——拉钦斯基。他是自然科学领域里的教授，他放弃了自己在大学里的教席，来到农村中学里当了一名普通的数学老师。他在自己任教的学校推行了一种口算法，这种口算法依靠的是熟练地利用数字的特性。10，11，12，13，14 这几个数其实就具有一种十分有趣的特性：

$$10^2 + 11^2 + 12^2 = 13^2 + 14^2$$

图 6-1

由于 $100+121+144=365$，所以我们很容易就能算出，画里面的那道难题的答案就是 2。

代数为我们提供了一些方法，把这些有趣的数列特性进行推广。下面我们再来探讨一下，还有没有其他的由 5 个连续整数组成的数列，也像上面的 5 个连续整数一样，前面三个数的平方和等于后面两个数的平方和？

[**解**] 设 x 为所求数列的第一个数，据此，我们可以写出方程：

$$x^2+(x+1)^2+(x+2)^2=(x+3)^2+(x+4)^2$$

这样的方程计算起来比较麻烦，其实比较简单的做法是，我们设 x 为所求数列的第二个数。那么，方程可以写为：

$$(x-1)^2+x^2+(x+1)^2=(x+2)^2+(x+3)^2$$

化简之后，可得：

$$x^2 - 10x - 11 = 0$$

解方程，求得：

$$x_1 = 11,\ x_2 = -1$$

因此，具有这种特性的数列共有两组：其中一组就是上面我们所提到的：

$$10,\ 11,\ 12,\ 13,\ 14$$

而另一组则是：

$$-2,\ -1,\ 0,\ 1,\ 2$$

6.8　有意思的数列

[题]　找出由相邻的三个整数组成的数列，它具有这样的特性：中间的数的平方减去其他两个数的乘积，所得结果为 1。

[解]　设 x 为所求数列的第一个数，根据题意，我们可以列出方程：

$$(x+1)^2 = x(x+2) + 1$$

化简可得：

$$x^2 + 2x + 1 = x^2 + 2x + 1$$

这是一个恒等式。无论 x 取什么值，它都是成立的。也就是说，任意一个由三个连续整数所组成的数列都具有题中所要求的这种特性。我们可以随意找一个数列验证一下：

$$17,\ 18,\ 19$$

由于

$$18^2 - 17 \times 19 = 324 - 323 = 1$$

所以，17，18，19 是符合要求的数列。

如果我们用 x 来表示所求数列的第二个数，那么我们就能更直观地看出这种关系的必然性。根据题意，我们可以列出这样一个等式：

$$x^2 - 1 = (x + 1)(x - 1)$$

很明显，这是一个恒等式。

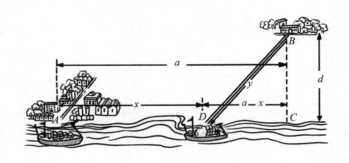

Chapter 7
最大值和最小值的问题

　　本章我们要讲的问题都比较有趣，是关于求某些量的最大值或最小值的问题。这类问题通常都有很多种解法，这里只介绍其中的一种。

　　俄罗斯数学家切比雪夫在他的著作《地图的绘制》中写道：有一类科学方法解决了人类实践活动中最普遍和最现实的问题——如何实现利益最大化。这类科学方法在我们的生活、生产中具有非常重要的意义。

7.1　火车头的距离

　　[题]　两列火车沿着两条垂直交叉的铁路朝着交叉点的方向行驶。已知它们在相同的时间出发，其中一列从距交叉点 40 千米的车站以每分钟 800 米的速度驶来，另一列从距交叉点 50 千米的另一车站以每分钟 600 米的速度驶来。

　　问：两列火车开出以后，经过多长时间两个车头之间的距离最短？这个最短距离是多少？

　　[解]　根据题意，我们可以先画出一个如图 7 - 1 所示的示意图。设两条互相交叉的铁路线分别为直线 AB 和 CD。B 站与交叉点之间的距离为 40 千米，D 站与交叉点之间的距离为 50 千米。设两列火车开出之后，经过 x 分钟，两车头之间的距离最短为 MN。令 $MN = m$。由于从 B 站开出的火车行驶速度为每分钟 800 米，即 0.8 千米，所以 x 分钟之后，它行驶的路程 $BM = 0.8x$。所以 $OM = （40 - 0.8x）$。用同样的方法也可以求出这时 $ON =$

$(50 - 0.6x)$。根据题意，按照勾股定理，我们可以列出如下式子：

$$MN = m = \sqrt{OM^2 + ON^2} = \sqrt{(40 - 0.8x)^2 + (50 - 0.6x)^2}$$

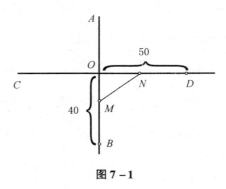

图 7 – 1

经过化简，可得：

$$x^2 - 124x + 4\ 100 - m^2 = 0$$

用含有 m 的代数式来表示 x，可得：

$$x = 62 \pm \sqrt{m^2 - 256}$$

x 表示的是所经过的时间，所以 x 的值不能是虚数。所以 $(m^2 - 256)$ 的值应该是一个大于等于 0 的数。又因为我们要求的是 m 的最小值，而当 $(m^2 - 256)$ 为 0 时，m 的值最小。所以

$$m^2 = 256，即 m = 16$$

这时，经计算可得，$x = 62$。

这道题的答案应该是，两列火车开出 62 分钟之后，两个车头彼此离得最近。这时，它们之间的距离是 16 千米。

下面我们来求一下这个时候两车头的位置。首先，我们计算一下 OM 的长度，它等于

$$40 - 62 \times 0.8 = -9.6$$

在这里，－9.6 表明第一列火车已经越过了交叉点，并又向前行驶了 9.6 千米。用同样的方法，我们也可以求出 ON 的长度

$$50 - 62 \times 0.6 = 12.8$$

12.8 表明第二列火车还要再向前开 12.8 千米才能到达交叉点。如图 7－2 所示，两车头的位置与我们解题之前所画的图 7－1 的样子完全不一样。虽然我们之前画的图非常不准确，但是依据方程我们还是解出了正确的答案。方程之所以如此宽容，正是得益于代数正负号的规则。

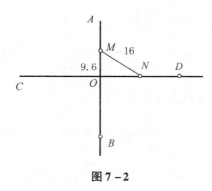

图 7－2

7.2　在哪里设立小站

[题] 如图 7－3 所示，在距离一段笔直的铁路线 20 千米的地方有一个村子 B。现在，要在铁路线上设一个小站 C，使沿铁路 AC 和公路 CB 从 A 点到达 B 点所用的时间最短。已知火车每分钟能行驶 0.8 千米，汽车每分钟能行驶 0.2 千米，那么这个小站 C 应该设在哪里？

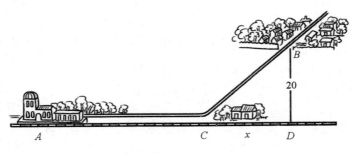

图 7 − 3

[**解**] 设从 A 点到 BD 的垂足 D 点的距离 $AD = a$，$CD = x$，所用的最短时间为 m。那么，$AC = AD - CD = a - x$，而 $CB = \sqrt{CD^2 + BD^2} = \sqrt{x^2 + 20^2}$。

坐火车从 A 点到 C 点所需的时间为

$$\frac{AC}{0.8} = \frac{a - x}{0.8}$$

而坐汽车从 C 点到 B 点所需的时间为

$$\frac{CB}{0.2} = \frac{\sqrt{x^2 + 20^2}}{0.2}$$

由此，可以计算出从 A 点到 B 点所需的总时间，就是

$$\frac{a - x}{0.8} + \frac{\sqrt{x^2 + 20^2}}{0.2}$$

即

$$m = \frac{a - x}{0.8} + \frac{\sqrt{x^2 + 20^2}}{0.2}$$

m 应取最小值。我们可以转化成以下形式：

$$-\frac{x}{0.8} + \frac{\sqrt{x^2 + 20^2}}{0.2} = m - \frac{a}{0.8}$$

等式两边同时乘以 0.8，可得

$$-x + 4\sqrt{x^2 + 20^2} = 0.8m - a$$

用 k 表示 $(0.8m - a)$，将两边平方变化一下，可得

$$15x^2 - 2kx + 6\ 400 - k^2 = 0$$

求得

$$x = \frac{k \pm \sqrt{16k^2 - 96\ 000}}{15}$$

由于 $k = 0.8m - a$，所以当 m 的值最小时，k 的值也最小，反过来也是这样①。但是，由于 x 是实数，所以 $16k^2$ 应该大于等于 96 000。也就是说，96 000 是 $16k^2$ 的最小值。因此，当 $16k^2$ 取 96 000 的时候，m 的值最小，由此可以得出

$$k = \sqrt{6\ 000}$$

这时

$$x = \frac{k \pm 0}{15} = \frac{\sqrt{6\ 000}}{15} \approx 5.16$$

所以，无论 AD 有多长，这个小站都应该设在距离 D 点大约 5 千米的地方。

由于列方程的时候，我们认为 $(a - x)$ 这个式子应该是一个正数，所以，只有当 $x < a$ 时，我们所求得的解才有意义。

而如果 $x = a \approx 5.16$，或者 a 小于 5.16 千米，那么就更适合直接开汽车去大站，小站的设立在这种情况下就没有太大的意义了。

在本题中，我们比方程要想得周到。假如我们盲目地相信方程，根据

———————————

① 这里要说明 $k > 0$。因为 $0.8m = a - x + 4\sqrt{x^2 + 20^2} > a - x + x = a$。

方程所给我们的答案，在大站旁边再建造一个小站，那就显得太荒谬了。因为在这种情况下，$x > a$，那么坐火车所需的时间

$$\frac{a - x}{0.8}$$

就是一个负数了。这种情形对我们来说很有启发意义，它告诉我们：在利用数学方法解决现实问题的时候，一定要慎重对待求得的结果。无论什么时候，我们都不能忘记，如果忽略了使用数学方法所依据的前提，那么所得的结果就没有实际意义。

7.3 公路的路线设定

[题] 如图 7-4 所示，A、B 是两个沿河城市，B 位于 A 下游 a 千米的地方，与河岸的距离为 d 千米。为了运输业的发展，现计划从 B 城修一条到河岸 D 点的公路。已知水路运费是公路运费的一半，为了使 A 和 B 之间的运费最低，这条路应该怎么修？

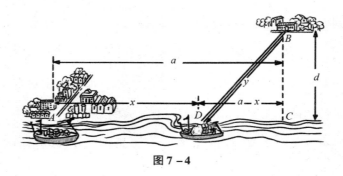

图 7-4

[解] 用 x 来表示 AD 的长度，用 y 来表示公路 DB 的长度，假设 $AC =$

a，$BC = d$。

由于公路运费是水路运费的 2 倍，设运费的最小值为 m，那么

$$x + 2y = m$$

由于 $x = a - DC$，$DC = \sqrt{y^2 - d^2}$，所以方程可以变为

$$a - \sqrt{y^2 - d^2} + 2y = m$$

去根号，得：

$$3y^2 - 4(m - a)y + (m - a)^2 + d^2 = 0$$

用含 m 的代数式来表示 y，可得：

$$y = \frac{2}{3}(m - a) \pm \frac{\sqrt{(m - a)^2 - 3d^2}}{3}$$

由于 y 应该是一个实数，所以 $(m - a)^2$ 应该大于等于 $3d^2$。因此，$(m - a)^2$ 的最小值是 $3d^2$。于是

$$m - a = \sqrt{3}d，\quad y = \frac{2(m - a) + 0}{3} = \frac{2\sqrt{3}d}{3}$$

由于 $\sin\angle BDC = d \div y$，即

$$\sin\angle BDC = \frac{d}{y} = d \div \frac{2\sqrt{3}d}{3} = \frac{\sqrt{3}}{2}$$

所以 $\angle BDC = 60°$。也就是说，不管 AC 有多长，这条公路都应该与河成 $60°$ 的夹角。

求解之后，我们还要结合现实对结果进行一些必要的判断。如果城市 A 与城市 B 所在的直线与河流所成的角小于 $60°$，按照我们的计算结果，公路就会修到城市 A 的另外一侧。在这种情况下，我们的计算结果显然是不合适的，最省钱的方式其实是直接修一条连接城市 A 与城市 B 的公路。

7.4 乘积最大

[题] 两个数的和一定，当这两个数分别为多少时，它们的乘积最大？

[解] 设两个数的和为 a。那么这两个数分别可以表示为：

$$\left(\frac{a}{2}+x\right)和\left(\frac{a}{2}-x\right)$$

在这两个代数式里，x 表示每个数与 $\frac{a}{2}$ 的差。这两个数的乘积我们可以表示为：

$$\left(\frac{a}{2}+x\right)\left(\frac{a}{2}-x\right)=\frac{a^2}{4}-x^2$$

对于这个式子来说，x 所取的值越小，这两个数的差越小，它们的乘积也就越大。我们很容易就能看出来，当 $x=0$，也就是当两个数的值都是 $\frac{a}{2}$ 时，它们的乘积最大。

由此可见，要使总和不变的两个数相乘时所得的乘积最大，需要使它们彼此相等。

如果是三个数呢，情况又会是什么样的呢？下面我们就来讨论一下三个数的情况。

[题] 设三个数的和为 a，那么应该把 a 分成怎样的三部分，这三个数的乘积才会最大呢？

[解] 参考上题的解法，我们来解一下这道题。

首先把 a 分成每一部分都不等于 $\dfrac{a}{3}$ 的三部分。那么，由于三部分都小于 $\dfrac{a}{3}$ 的情况不可能存在。所以，在这三个数中一定有一部分大于 $\dfrac{a}{3}$，设这一部分为：

$$\frac{a}{3}+x \ (x>0)$$

同样，这三个数中也一定会有一部分小于 $\dfrac{a}{3}$，设这一部分为：

$$\frac{a}{3}-y \ (y>0)$$

由于 x 和 y 都是正数，所以第三部分应当等于

$$\frac{a}{3}+y-x$$

$\dfrac{a}{3}$ 与 $\left(\dfrac{a}{3}-y+x\right)$ 的和与前两部分 $\left(\dfrac{a}{3}+x\right)$、$\left(\dfrac{a}{3}-y\right)$ 的和相等，而它们的差 $(y-x)$，小于前两部分的差 $(x+y)$。由上题所得的结论可知

$$\frac{a}{3}\left(\frac{a}{3}-y+x\right)$$

的值要大于前两部分的乘积。

所以，如果把前两部分 $\left(\dfrac{a}{3}+x\right)$ 和 $\left(\dfrac{a}{3}-y\right)$ 分别用 $\dfrac{a}{3}$ 和 $\left(\dfrac{a}{3}-y+x\right)$ 来替代，而保持第三部分的值不变，它们的乘积就增加了。

现在我们设其中的一个数为 $\dfrac{a}{3}$，其他两个数分别为：

$$\left(\frac{a}{3}+z\right)\text{和}\left(\frac{a}{3}-z\right)$$

由上一题的结论可知，如果 $\left(\dfrac{a}{3}+z\right)$ 和 $\left(\dfrac{a}{3}-z\right)$ 的值相等，也就是说，后面的两个数也都等于 $\dfrac{a}{3}$，那么后两个数的乘积会变得更大，即三个数的乘积变得更大。也就是：

$$\frac{a}{3}\times\frac{a}{3}\times\frac{a}{3}=\frac{a^3}{27}$$

当把数 a 分成不均等的三份时，它们的乘积肯定小于 $\dfrac{a^3}{27}$。所以，把 a 平均分成三份时，所得的乘积最大。

用同样的方法我们还可以证明出这个定理对于四个、五个乃至更多个的乘数都是成立的。

下面，让我们来讨论一个更普遍的情形。

[题] 假如 $x+y=a$，那么 x 和 y 分别取什么值时，x^py^q 这个式子的值是最大的？

[解] 由于 $x+y=a$，所以本题可以转化为求 x 为何值时，代数式

$$x^p(a-x)^q$$

的值最大。

首先，我们将上面的式子乘以 $\dfrac{1}{p^pq^q}$，得：

$$\frac{x^p(a-x)^q}{p^pq^q}$$

很明显，只有当这个式子取得最大值时，$x^p(a-x)^q$ 才能取得最大值。

我们把刚才所得的式子写成如下形式：

$$\frac{x}{p} \times \frac{x}{p} \times \frac{x}{p} \times \frac{x}{p} \times \cdots \times \frac{a-x}{q} \times \frac{a-x}{q} \times \frac{a-x}{q} \times \frac{a-x}{q} \times \cdots$$

其中，$\dfrac{x}{p}$一共有 p 次，$\dfrac{a-x}{q}$一共有 q 次。对于这个式子来说，所有乘数的总

和等于

$$\frac{x}{p} + \frac{x}{p} + \frac{x}{p} + \frac{x}{p} + \cdots + \frac{a-x}{q} + \frac{a-x}{q} + \frac{a-x}{q} + \frac{a-x}{q} + \cdots$$

$$= \frac{px}{p} + \frac{q(a-x)}{q} = x + a - x = a$$

也就是说，各项的总和是常数 a。

　　根据前面两道题的结论，我们可以得出，当

$$\frac{x}{p} = \frac{a-x}{q}$$

时，即当各个乘数都相等的时候，乘积达到最大值。

　　将 $a - x = y$ 代入上面的式子，经过一些处理，可得：

$$\frac{x}{y} = \frac{p}{q}$$

也就是说，当 $(x + y)$ 的总和一定时，如果 $x{:}y = p{:}q$，那么 $x^p y^q$ 的值最

大。

　　用同样的方法我们也可以证明，当 $(x + y + z)$，$(x + y + z + t)$ 的值保

持不变时，只有当 $x{:}y{:}z = p{:}q{:}r$，$x{:}y{:}z{:}t = p{:}q{:}r{:}u$ 时，$x^p y^q z^r$，$x^p y^q z^r t^u$ 的值才

能达到最大。

7.5 总和最小

如果你想检验自己证明代数定理的能力，你可以试着证明下面这几个定理。

（1）两个乘积一定的数，当它们的值相等时，它们的和最小。

例如，两个数的乘积是36，那么它们的和就有 $4+9=13$，$3+12=15$，$2+18=20$，$1+36=37$，$6+6=12$，其中最小的就是 $6+6=12$。

（2）几个乘积一定的数，当它们的值相等时，它们的和最小。

例如，三个数的乘积是216，那么它们的和就有这些：$3+12+6=21$，$2+18+6=26$，$9+6+4=19$，$6+6+6=18$。其中，$6+6+6=18$ 最小。

下面我们就举一些实例来证明一下实践中是怎样运用这些定理的。

7.6 方木梁的体积问题

[题] 如图 $7-5$ 所示，如果要把这样一根圆木锯成方木梁，那么当把截面锯成什么形状时，方木梁的体积最大？

图 $7-5$

[**解**] 设所锯成的矩形截面的两边分别为 x，y，设圆木的直径为 d，那么根据勾股定理可以得到：

$$x^2 + y^2 = d^2$$

由题意可知，要使方木梁的体积最大，则必须使截面的面积最大，也就是 xy 的值最大。而当 xy 的值最大时，x^2y^2 的值也最大。由于 d 是个定值，也就是说（$x^2 + y^2$）的值是固定的。根据前面证明所得的结论，当 $x^2 = y^2$，即 $x = y$ 时，乘积 x^2y^2 的值最大。

也就是说，方木梁的截面应该是正方形。

7.7　正方形的有趣性质

[**题**]（1）一块面积一定的矩形土地，当它是什么形状时，周围的篱笆长度最短？

（2）一块周围篱笆长度一定的矩形土地，当它是什么形状时，它的面积最大？

[**解**]（1）设矩形土地的两边长分别为 x 和 y，那么，这块矩形土地的面积就是 xy，而它周围的篱笆长度为（$2x + 2y$）。所以要使篱笆的长度最短，那么就必须使（$x + y$）的值最小。

由前面的结论可知，乘积 xy 的值一定，要使（$x + y$）的值最小，那么必须使 $x = y$。也就是说，要使篱笆的长度最短，则所求的矩形必须是一个正方形。

（2）仍然设矩形的两边分别为 x，y，那么它的面积就是 xy，而它周围篱笆的长度就是 $(2x+2y)$。由于 $(2x+2y)$ 的值是一定的，所以只有当 $2x=2y$，也就是 $x=y$ 时，乘积 $4xy$ 最大，此时 xy 的值也是最大的。所以，当这块地是正方形的时候，它的面积最大。

根据上面的结论，我们可以在大家都熟知的正方形的性质之外再增加一条：在所有面积一定的矩形中，正方形的周长最短；在周长一定的矩形中，正方形的面积最大。

7.8 扇形的风筝

[题] 一个周长一定的扇形风筝，当它是什么形状时，它的面积最大？

[解] 我们要求的其实就是：对于一个周长一定的扇形，当它的弧长和半径的比是多少时，它面积最大。

如图 7-6 所示，用 x 来表示这个扇形的半径，用 y 来表示这个扇形的弧长。那么这个扇形的周长 l 和它的面积 S 就可以用如下式子来表示：

$$l = 2x + y, \quad S = \frac{xy}{2} = \frac{x(l-2x)}{2}$$

要使 S 的值达到最大，只需要使乘积 $2x(l-2x)$，也就是 $4S$ 达到最大。由于 $2x+(l-2x)=l$ 是一个常数，根据前面的结论，当 $2x=l-2x$ 时，$2x(l-2x)$ 的值达到最大。也就是说，当

$$x = \frac{l}{4}, \quad y = l - 2 \times \frac{l}{4} = \frac{l}{2}$$

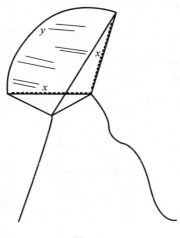

图 7 - 6

时，$2x(l-2x)$ 的值最大，此时，面积 S 的值也是最大的。

综上所述，对于周长一定的扇形，当它的弧长是半径的 2 倍时，它的面积最大。这时，扇形的圆心角 $\approx 115°$，等于两个弧度。这就是我们所要求的风筝的形状，至于这样一个风筝放起来怎么样，就不在我们的考虑范围之内了。

7.9 修建新屋

[题] 在只剩一面墙的房屋旧址上盖一栋新房。旧墙的长度是 12 米，要建的新房面积为 112 平方米。在建造新房的过程中，要注意以下两点：

（1）修理 1 米旧墙所需的费用是砌 1 米新墙所需费用的 25%；

（2）拆 1 米旧墙，用旧料再砌 1 米新墙，所需的费用是用新材料砌新墙所需费用的 50%。

在这种情况下，怎样利用这堵旧墙最合算？

[**解**] 如图 7 – 7 所示，设保留的旧墙的长度为 x 米，用新料砌新墙每米的费用为 a。那么拆掉的旧墙的长度就是 $(12 - x)$ 米；修理 x 米旧墙所需的费用就是 $\dfrac{ax}{4}$；用旧料再砌 $(12 - x)$ 米新墙所需的费用就是 $\dfrac{a(12 - x)}{2}$；这面墙的其余部分所需的费用就是 $a[y - (12 - x)]$，即 $a(y + x - 12)$；第三面墙和第四面墙所需的费用分别是 ax 和 ay。整个工程一共所需的费用是：

$$\frac{ax}{4} + \frac{a(12 - x)}{2} + a(y + x - 12) + ax + ay = \frac{a(7x + 8y)}{4} - 6a$$

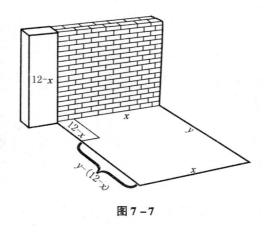

图 7 – 7

我们知道，只有当 $(7x + 8y)$ 的值最小时，上面式子的值才能达到最小。

由于房子的面积 $xy = 112$，所以

$$7x \times 8y = 56 \times 112$$

由此可知，$7x$ 和 $8y$ 的乘积是个固定值。由前面的结论可知，当

$$7x = 8y$$

时，$(7x + 8y)$ 的值最小。此时，

$$y = \frac{7}{8}x$$

又因为

$$xy = 112$$

联立可得：

$$\frac{7}{8}x^2 = 112$$

$$x = \sqrt{128} \approx 11.3$$

也就是说，保留的旧墙的长度为 11.3 米，拆掉的旧墙的长度为 0.7 米。

7.10 建筑工地的面积

[题] 如图 7-8 所示，建房子时，要先用栅栏把建筑工地圈起来。现在我们有可以做 l 米栅栏的材料，而且还可以利用之前的一段旧墙。在这种情况下，怎样才能使圈起来的矩形工地的面积达到最大？

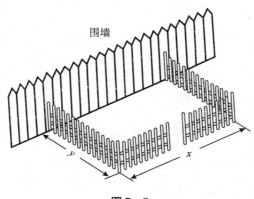

围墙

图 7-8

[**解**] 设使用的旧墙的长度为 x 米，新栅栏的宽度为 y 米。那么，如果要围起这块工地，需要做的新栅栏的长度为 $(x+2y)$ 米，而且由题意知：

$$x+2y=l$$

工地的面积

$$S=xy=y(l-2y)$$

要使面积 S 达到最大值，则 $2y(l-2y)$，也就是 $2S$ 也必须达到最大值。由于 $2y+(l-2y)=l$，也就是说代数式 $2y(l-2y)$ 的两个乘数的和是固定的。因此要使它们的积最大，则只需使

$$2y=l-2y$$

由此，我们可以得出

$$y=\frac{l}{4}, \ x=l-2y=\frac{l}{2}$$

也就是说，$x=2y$，这块工地的长度应该是宽度的 2 倍。

7.11　槽的截面问题

[**题**] 如图 7-9 所示，用一块矩形的铁片做一个截面为等腰梯形的槽。可做成如图 7-10 所示的不同样子。试问各面多宽，折成的角度多大时（图7-11），槽的截面积最大？

[**解**] 设铁片的宽度为 L，侧面的宽度为 x，底面的宽度为 y。除此之外，我们还要引入一个未知数 z 来表示如图 7-12 所示的部分。

根据题意，我们可以表示出槽的截面积：

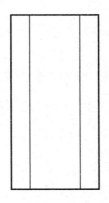

图 7 – 9

$$S = \frac{(z + y + z) + y}{2}\sqrt{x^2 - z^2} = \sqrt{(y + z)^2 (x^2 - z^2)}$$

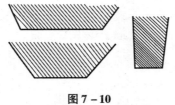

图 7 – 10

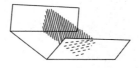

图 7 – 11

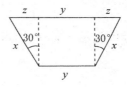

图 7 – 12

于是，这道题目就转化成了确定当 x, y, z 分别为何值时，S 的值可以达到最大。

变换上面的等式，得：

$$S^2 = (y+z)^2 (x+z)(x-z)$$

当 S^2 的值达到最大时，$3S^2$ 的值也将达到最大。$3S^2$ 可以用如下的形式来表示：

$$(y+z)(y+z)(x+z)(3x-3z)$$

这四个乘数的和为：

$$y+z+y+z+x+z+3x-3z = 4x+2y = 2L$$

由于 L 表示铁片的宽度，所以 L 是定值，$2L$ 自然也是定值。在这种情况下，只有当

$$y+z = z+x = 3x-3z$$

时，$3S^2$ 的值可以达到最大。

由上面的等式以及 $2x+y=L$，可以得出

$$x = y = \frac{L}{3}$$

$$z = \frac{x}{2} = \frac{L}{6}$$

另外，由于直角边的长度 z 是斜边长度 x 的 $\frac{1}{2}$（图 7-12），所以对着这条直角边的角是30°。那么，槽的底面和斜面之间的夹角等于

$$90° + 30° = 120°$$

也就是说，当这个槽的侧面各边折成正六边形的三个相邻边时，它的截面积达到最大。

7.12 大容量的漏斗

[题] 如图 7 – 13 所示，为了用一块圆形的铁片做一个圆锥形的漏斗，要先从这块铁片上割去一个扇形，然后把剩下的铁片卷成一个圆锥。问：要使漏斗的容量最大，那么所割去的扇形的圆心角应该是多少？

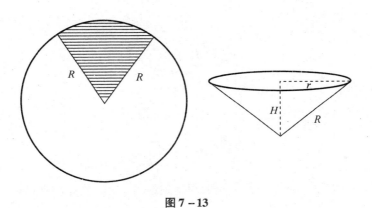

图 7 – 13

[解] 设割去一部分之后，剩余的用来做漏斗的那部分铁片的弧长为 x。由题意可知，圆锥侧面的母线长度等于铁片的半径，而 x 则是圆锥底面的周长。设圆锥的底面半径为 r，那么依据下列等式

$$2\pi r = x$$

我们可以求出

$$r = \frac{x}{2\pi}$$

根据勾股定理，可以求出圆锥的高：

$$H = \sqrt{R^2 - r^2} = \sqrt{R^2 - \frac{x^2}{4\pi^2}}$$

漏斗的体积为：

$$V = \frac{\pi}{3}r^2 H = \frac{\pi}{3}\left(\frac{x}{2\pi}\right)^2 \sqrt{R^2 - \frac{x^2}{4\pi^2}}$$

当体积 V 的值达到最大时，

$$\left(\frac{x}{2\pi}\right)^2 \sqrt{R^2 - \left(\frac{x}{2\pi}\right)^2}$$

以及它的平方

$$\left(\frac{x}{2\pi}\right)^4 \left[R^2 - \left(\frac{x}{2\pi}\right)^2\right]$$

的值也达到最大。

由于

$$\left(\frac{x}{2\pi}\right)^2 + R^2 - \left(\frac{x}{2\pi}\right)^2 = R^2$$

而 R^2 是一个常数，所以，要想使乘积达到最大，x 的值应该满足

$$\left(\frac{x}{2\pi}\right)^2 : \left[R^2 - \left(\frac{x}{2\pi}\right)^2\right] = 2:1$$

因此

$$\left(\frac{x}{2\pi}\right)^2 = 2R^2 - 2\left(\frac{x}{2\pi}\right)^2$$

$$3\left(\frac{x}{2\pi}\right)^2 = 2R^2$$

$$x = \frac{2\sqrt{6}\pi}{3}R \approx 5.15R$$

所以做成漏斗的铁片的圆心角约为 295°，也就是说，割掉的扇形铁皮的圆心角为 65°。

7.13 硬币的亮度

[题] 如图 7 - 14 所示，桌上摆着一枚硬币和一支蜡烛，为了把这枚硬币照得最亮，蜡烛的火焰应该距离桌面多高？

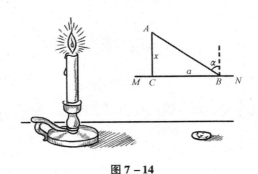

图 7 - 14

[解] 看到这个数目，很多人可能会觉得，要想把这枚硬币照得最亮，只需要把蜡烛的火焰尽量放低。其实这是不对的，因为当火焰很低的时候，火焰的光线就会射得很斜，这时，硬币是不能被照得很亮的。而当我们把蜡烛举得过高时，光线虽然变直，但是这样离硬币的距离就太远了。显然，当蜡烛的火焰处于桌子上方某一合适的高度时，才能把硬币照得最亮。如图 7 - 14 所示，我们用 x 来表示火焰的高度，用 a 来表示从硬币 B 到蜡烛与桌面的垂足 C 之间的距离 BC。如果用 i 来表示火焰的光度，那么根据光学定律，硬币的亮度就可以用如下的方式来表示：

$$\frac{i}{AB^2}\cos \alpha = \frac{i\cos \alpha}{(\sqrt{a^2 + x^2})^2} = \frac{i\cos \alpha}{a^2 + x^2}$$

在这个式子中，α 指光线 AB 投射的角度，由于

$$\cos \alpha = \cos A = \frac{x}{AB} = \frac{x}{\sqrt{a^2 + x^2}}$$

所以，硬币的亮度等于：

$$\frac{i}{a^2 + x^2} \times \frac{x}{\sqrt{a^2 + x^2}} = \frac{ix}{(a^2 + x^2)^{\frac{3}{2}}}$$

当这个代数式所取的值达到最大时，它的平方，即

$$\frac{i^2 x^2}{(a^2 + x^2)^3}$$

所取的值也达到最大。

由于 i^2 是一个常数，所以我们可以把它略去。式子的其余部分可以这样进行变化：

$$\frac{x^2}{(a^2 + x^2)^3} = \frac{1}{(a^2 + x^2)^2}\left(1 - \frac{a^2}{a^2 + x^2}\right)$$

$$= \left(\frac{1}{a^2 + x^2}\right)^2 \left(1 - \frac{a^2}{a^2 + x^2}\right)$$

当

$$\left(\frac{a^2}{a^2 + x^2}\right)^2 \left(1 - \frac{a^2}{a^2 + x^2}\right)$$

的值达到最大时，$\left(\dfrac{1}{a^2 + x^2}\right)^2 \left(1 - \dfrac{a^2}{a^2 + x^2}\right)$ 也达到最大。因为加进一个是常数的乘数 a^4 时，乘积达到最大值时 x 的取值不受影响。由于

$$\frac{a^2}{a^2 + x^2} + 1 - \frac{a^2}{a^2 + x^2} = 1$$

而 1 是一个定值，所以，当

$$\frac{a^2}{a^2 + x^2} : \left(1 - \frac{a^2}{a^2 + x^2}\right) = 2{:}1$$

时，$\left(\dfrac{a^2}{a^2 + x^2}\right)^2\left(1 - \dfrac{a^2}{a^2 + x^2}\right)$的值达到最大，此时硬币的亮度也最大。

由此得出方程：

$$a^2 = 2\left[\,(a^2 + x^2) - a^2\,\right]$$

解得：

$$x = \frac{a}{\sqrt{2}} \approx 0.71a$$

因此，当蜡烛火焰离桌面的垂直距离是硬币和蜡烛投影之间距离的 0.71 倍时，硬币被照得最亮。这一比例关系对于人们布置工作场所的照明设备有很大的帮助。

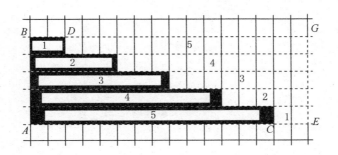

Chapter 8

级数

8.1 古老的级数问题

[题] 关于级数的最古老的问题并不是两千多年前象棋发明者提出的奖励问题，而是记录在埃及著名的林德氏草纸文献中的关于分面包的问题。林德氏于18世纪末发现了这种草纸本，其大约是公元前两千年编写成的，里面列举了许多算术的、代数的和几何的题目。分面包的问题就是这众多题目中的一个。这道题是这样的：

五个人分一百份面包，后面一个人总比前面一个人分得的多，而且多的份数相同。同时，已知前两人所得的面包总数是后三个人所得面包总数的七分之一。问每个人所分得的面包分别是多少份？

[解] 很明显，五个人所得的面包是一个递增的算数级数。我们设第一个人分得的面包为 x 份，第二个人比第一个人多分得 y 份，那么，每个人分得的面包份数如下：

第一个人·····················x

第二个人·····················$x+y$

第三个人·····················$x+2y$

第四个人·····················$x+3y$

第五个人·····················$x+4y$

根据题意，列出如下方程组：

$$\begin{cases} x + (x + y) + (x + 2y) + (x + 3y) + (x + 4y) = 100 \\ 7 \times [x + (x + y)] = (x + 2y) + (x + 3y) + (x + 4y) \end{cases}$$

化简后得：

$$\begin{cases} x + 2y = 20 \\ 11x = 2y \end{cases}$$

解方程组，可得：

$$\begin{cases} x = 1\dfrac{2}{3} \\ y = 9\dfrac{1}{6} \end{cases}$$

也就是说，每个人分得的面包份数如下：

$$1\frac{2}{3},\ 10\frac{5}{6},\ 20,\ 29\frac{1}{6},\ 38\frac{1}{3}$$

8.2　方格纸的妙用

级数问题已经出现几千年了，但是三百多年前，关于级数的计算公式还没有出现。那个时候，马格尼茨基出版了一本书，这本书中，已经涉及了级数，但是由于没有计算公式，级数的计算对于他来说还非常困难。

后来，聪明的人们想到了一种简单的方法，可以快速计算出算数级数的和。这种方法要借助一种工具，那就是方格纸。

在方格纸上，我们可以用一个台阶式的图形来表示出任何一个算数级数。如图 8 - 1 所示，$ABDC$ 表示的就是级数 2，5，8，11，14。要求这个级数的和非常容易，我们只需把这个级数的台阶式图形扩展成矩形 ABGE 即可，不难看出，ABDC 和 DGEC 的面积相等，均为 ABGE 面积的一半，ABDC 的面积即为所求级数的和。我们很容易就能求出 ABGE 的面积

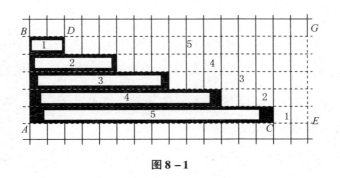

图 8-1

$$2S = (AC + CE) \times AB = 80$$

据此，可以求出 ABDC 的面积

$$S = \frac{1}{2}(AC + CE) \times AB$$

$$= 40$$

即所求级数的和为 40。

由于 (AC + CE) 表示的是级数的第一项和第五项的和，而 AB 表示的是级数总的项数。根据上面的计算过程，我们不难推断：

$$S = \frac{1}{2} \times 首尾两项之和 \times 项数$$

即

$$S = \frac{(首项 + 末项) \times 项数}{2}$$

8.3　园丁的问题

[题] 有一块菜园，共有 30 个菜畦，每畦长为 16 米，宽为 2.5 米，园丁需要从离菜园边界 14 米远的一口水井中提水浇园。在浇水的过程中，园丁只能沿着地界走，所以每次提水，他都要绕着菜畦的边走一圈，而且每次提的水都只够浇一个菜畦。

如果路程的起点和终点都以水井为准，那么，园丁浇完整块菜园一共需要走多远的路？

[解] 由题意知，园丁在浇第一个菜畦的时候，所走的路程是：

$$14 + 16 + 2.5 + 16 + 2.5 + 14 = 65(\text{米})$$

在浇第二个菜畦时，所走的路程是：

$$14 + 2.5 + 16 + 2.5 + 16 + 2.5 + 2.5 + 14 = 65 + 5 = 70(\text{米})$$

通过观察题目不难看出，浇后面每一个菜畦时所走的路程都比浇前一个菜畦时多 5 米。据此，我们可以得出下面的级数：

$$65，70，75，\cdots，65 + 5 \times 29$$

根据公式，我们可以求出它各项的总和为：

$$\frac{(65 + 65 + 5 \times 29) \times 30}{2} = 4\ 125(\text{米})$$

所以，园丁要走 4 125 米才能浇完整块菜园。

8.4 养鸡

[题] 一个养鸡场养了31只鸡，按照每只鸡每周一斗的食量贮存了一批饲料。本来假定鸡的数量保持不变，但实际上每周鸡的数量都会减少一只，结果贮存的饲料支持了原定期限两倍的时间。

试问，贮存的饲料共有多少？原本预计维持的时间是多长？

[解] 设贮存的饲料为 x 斗，预计维持的时间为 y 周，根据题意得：

$$x = 31y$$

由于每周鸡的数量都会减少一只，所以每周消耗饲料的数量都会减少1斗。也就是说，第一周消耗31斗，第二周消耗30斗，第三周消耗29斗……直到最后一周，这一周消耗斗数为

$$31 - 2y + 1$$

据此，我们可以列出如下等式：

$$x = 31y = 31 + 30 + 29 + \cdots + (31 - 2y + 1)$$

利用级数的求和公式，可得：

$$31y = \frac{(31 + 31 - 2y + 1)2y}{2} = (63 - 2y)y$$

化简之后，得：

$$31 = 63 - 2y$$

因此

$$x = 496, \quad y = 16$$

所以贮存的饲料为 496 斗，原本预计维持的时间是 16 周。

8.5　挖沟所用的时间

[题] 学校将高年级学生组成了一个挖土队，让他们负责在学校里挖一条沟。如果队员全部出勤，那么只需要 24 个小时就可以挖完。但是事实上一开始只来了一个人。后来每过一段固定的时间，就会有一个人加入进来，直到最后全组人到齐。经计算得知，第一个人工作的时间是最后来的那个人的 11 倍。那么最后来的那个人工作了多长的时间？

[解] 我们用 x 来表示最后来的那个人工作的时间，那么第一个人工作的时间就是 $11x$。设挖土队全队的总人数是 y，那么全队人员工作的总时间就是一个首项为 $11x$，末项为 x 的 y 项递减级数的和，也就是

$$\frac{(11x + x)y}{2} = 6xy$$

另外，如果队员全部出勤，那么只用 24 个小时就能挖完。也就是说，完成只需 24 小时。因此

$$6xy = 24y$$

y 是大于 0 的整数，所以我们可以把它从方程中约去。然后得到：

$$6x = 24$$

所以

$$x = 4$$

可知，最后到的那个人只工作了 4 个小时。

这样，我们就解答出了题目中要求的问题。但是，如果题目要求我们求出挖土队的人数，我们是求不出来的。虽然方程中含有表示挖土队人数的未知数，但是由于所给的条件不充分，所以我们无法解出这个未知数的值。

8.6　卖苹果

[题]　一个小水果店的老板卖给他的第一位顾客所有苹果的一半加半个；卖给他的第二位顾客剩下的苹果的一半又加半个；卖给他的第三位顾客的还是剩下的苹果的一半加半个……就这样一直卖下去，直到第七位顾客买走了所剩苹果的一半加半个之后，所有的苹果刚好卖完。试问这家水果店原来共有多少苹果？

[解]　设这家水果店最初所有的苹果的数量为 x。由此，我们可以推断出每位顾客所买的苹果的个数：

第一位顾客：

$$\frac{x}{2} + \frac{1}{2} = \frac{x+1}{2}$$

第二位顾客：

$$\frac{1}{2}\left(x - \frac{x+1}{2}\right) + \frac{1}{2} = \frac{x+1}{2^2}$$

第三位顾客：

$$\frac{1}{2}\left(x - \frac{x+1}{2} - \frac{x+1}{4}\right) + \frac{1}{2} = \frac{x+1}{2^3}$$

……

第七位顾客：

$$\frac{x+1}{2^7}$$

据此，我们可以列出如下方程：

$$\frac{x+1}{2}+\frac{x+1}{2^2}+\frac{x+1}{2^3}+\cdots+\frac{x+1}{2^7}=x$$

变形后，得：

$$(x+1)\left(\frac{1}{2}+\frac{1}{2^2}+\frac{1}{2^3}+\frac{1}{2^4}+\cdots+\frac{1}{2^7}\right)=x$$

计算后，得出：

$$\frac{x}{x+1}=1-\frac{1}{2^7}$$

所以

$$x=2^7-1=127$$

即，水果店最初一共有 127 个苹果。

8.7 买马还是买钉子

[题] 在马格尼茨基的《算术》中有这样一道非常有意思的题，大意如下：

有个人以 156 卢布的价格卖了一匹马。但是买主买完以后，觉得买得不划算，要把马退还给卖主。

于是卖主提出了新的条件："如果你觉得这马太贵，那就只买马蹄铁上的钉子吧，你如果肯买这些钉子，我就把马白送给你。每个马蹄上有 6 个钉子。第一个钉子的价格是 $\frac{1}{4}$ 戈比，第二个钉子的价格是 $\frac{1}{2}$ 戈比，第三个是 1 戈比，就这样一直计算下去。"

买主觉得这样的条件太好了，买这些钉子加起来也用不了 10 卢布，这简直就是白白得到了一匹马。没有经过太多的思索，买主便接受了卖主的条件。

问买主要花多少钱才能买下这些钉子？（图 8 – 2）

图 8 – 2

[**解**]　由题意可知，买下所有马蹄铁上的钉子所需要的钱的总数为

$$\frac{1}{4} + \frac{1}{2} + 1 + 2 + 2^2 + 2^3 + \cdots + 2^{24-3}（戈比）$$

即

$$\frac{2^{21} \times 2 - \frac{1}{4}}{2 - 1} = 2^{22} - \frac{1}{4} = 4\ 194\ 303\ \frac{3}{4}（戈比）$$

这个数字接近 42 000 卢布（1 卢布 = 100 戈比）。也就是说，买下这些

钉子一共需要的钱接近 42 000 卢布。在这种情况下，卖主当然愿意白白把马送给他了。

8.8　战士的抚恤金问题

1795 年，俄国出版了一本有着长长的书名的数学教材——《一本写给年轻人进行数学练习的纯数学教程，由研究炮兵学的教师施特科·容克尔和数学老师叶菲姆·沃依加霍夫斯基编写》，这本教材中有这样一道题：

[题] 在古代某国有这样一个规定：战士第一次受伤给 1 戈比的抚恤金，第二次受伤给 2 戈比的抚恤金，第三次受伤给 4 戈比的抚恤金，依此类推。如果有一个战士得到的抚恤金为 655 卢布 35 戈比，那么他一共受了多少次伤？

[解] 设他共受了 x 次伤。根据题意我们可以列出方程：

$$65\ 535 = 1 + 2 + 2^2 + 2^3 + \cdots + 2^{x-1}$$

即

$$65\ 535 = \frac{2^{x-1} \times 2 - 1}{2 - 1} = 2^x - 1$$

$$65\ 536 = 2^x$$

所以

$$x = 16$$

也就是说，这个战士一共受了 16 次伤，才得到了这笔抚恤金。

Chapter 9

第七种数学运算

9.1　第七种运算——求对数

前面我们曾经提到过，乘方有两种逆运算。现在，我们假设

$$a^b = c$$

那么，求 a 的值是乘方的一种逆运算——开方；而求 b 的值则是乘方的另一种逆运算——取对数。

发明对数是为了使计算变得简单而迅速。著名数学家拉普拉斯曾说："对数的发明，使原来需要几个月才能做完的计算工作，几天就能完成了。我们可以说对数把天文学家的寿命拉长了一倍。"他之所以提到天文学家，是因为天文学家经常要面对很多特别复杂的计算。但是他的这种说法其实是可以适用于所有必须和数字打交道的人的。

现在，我们对于使用对数已经非常熟练了，而且对它在计算过程中给我们带来的便利也习以为常。所以，对我们来说，想象它刚刚出现时所引起的巨大轰动是一件很难的事情。

关于对数的发明动机，对数表的发明者耐普尔曾经这样讲过："我要尽我的力量让大家摆脱繁重的计算工作，很多人由于厌烦数学计算而对学习数学失去了兴趣，我要让计算变得简单、轻松，这是非常有必要的。"

后来因发明十进制对数而扬名的布利格跟耐普尔是同时代的人。他在见到耐普尔的著作时，曾经写下这样一段话："耐普尔新颖而令人叹为观止

的对数，坚定了我的决心，我要用脑和手进行工作。我希望今年夏天能够见到他，他的这本书是我至今读过的令我最惊奇也是最喜爱的一本书。"最终，布利格实现了他的愿望，他去苏格兰拜访了耐普尔。两人见面时，布利格说道：

"我长途跋涉来到这里，唯一的目的就是见你，并且想知道，你到底拥有什么样的聪明才智，才会提出对数这种妙不可言的方法？它对于天文学来讲作用真是太大了，简直可以说是意义非凡。直到现在，我都想不明白，对数看上去如此简单，但是在你之前，为什么竟然没有人发现它！"

对数是一项如此伟大的发明。它使计算变得很容易，很快捷。对于像任意指数的开方这类计算来说，对数甚至是必不可少的。

如果你知道中学课程中关于对数的那些基本理论，那么，求下面的代数式

$$a^{\log_a b}$$

的值，对你来说应该不会有什么困难。

很容易理解，如果 a 的乘方的次数是以 a 为底数的 b 的对数，那么得到的代数式的值必然还是 b 本身。

9.2　对数的"敌人"

在对数发明以前，人们为了加快计算的速度而发明了一种表。靠着这种表，乘法运算被减法而不是加法所代替。这种表格是根据恒等式

$$ab = \frac{(a+b)^2}{4} - \frac{(a-b)^2}{4}$$

制作而成的。我们只要把这个等式中的括号去掉，就能证明出它的正确性。

有了这种由各个数字的平方的四分之一所组成的表，我们要求两个数的乘积时，就可以不用实际去做乘法，而只需用这两个数和的平方的四分之一减去它们差的平方的四分之一即可。这种表使求平方和求平方根变得简单了许多。而且比起对数表，它有一个非常重要的优点，那就是根据这种表所得的结果是准确值而不是近似值。如果把这种表和倒数表结合起来使用的话，除法运算也会变得简单许多。

但是我们不能因为这种表有很多优点就说它比对数表强。因为在实用方面，对数表发挥的作用比它要强得多。例如，计算复杂的利息时我们就必须使用对数表，因为用四分之一平方表计算不了这么复杂的问题。四分之一平方表只是在计算两个数的乘积时比较方便，而对数表却能让我们一次就求出任意多个数的乘积。同时，利用对数表，我们还能很容易地求出一个数的任意次方或者任意指数的方根。

尽管四分之一平方表不像对数表那样功能强大，但即便是在对数表出现之后，还是有许多各式各样的四分之一平方表被出版。1856 年，在法国出现了这样一张表格，它的标题是：

"一张从 1 到 10 亿的数字平方表，利用它你可以用非常简单的方法，以极快的速度算出两个数乘积的准确值。编制者——亚历山大·科萨尔。"

直到现在，还有许多人非常努力地试图编写一张四分之一平方表。他们并不知道这种表早在很多年前就有了，听说这个之后甚至觉得非常吃惊。

除了四分之一平方表之外，对数表还有许多更为年轻的对手。它们就是各种技术参考书中的计算用表。这些表通常是一些综合性的表，它们通常包括以下几个部分：从 2 到 1 000 的各数的平方、立方、平方根、立方根、倒数、圆周长、圆面积。这些表使那些技术方面的计算变得很简单，但是它们的应用范围却远没有对数表那样广泛。

9.3 "进化"中的对数表

以前，中学里使用的对数表都是 5 位的，但是现在已经改用 4 位对数表了。因为对于一般的技术方面的计算，4 位对数表已经足够了。其实在现实中，日常的量度难得有 3 位以上的有效数字。所以，大多数情况下 3 位尾数就足以满足计算的要求了。

以前，很多人一直以为尾数越长越好。不久前，人们才意识到，其实不需要那么长的尾数。记得以前学校里使用的是 7 位对数表。这种对数表有很多卷，拿起来非常重。后来，在经历了一些激烈的斗争之后，人们用 5 位对数表代替了这种 7 位对数表。

通用对数表从多位尾数演变到更短的尾数经历了很长时间。1624 年，英国数学家亨利·布利格编写的对数表是 14 位的；几年后，荷兰数学家安·符拉克用他的 10 位对数表取代了原来的 14 位对数表；再后来，又出现了 7 位对数表……直到现在，我们用的是 4 位对数表。通用对数表的演化其实至今也没有完成，因为直到现在，很多人还没有意识到计算的精确度永远无法超越度量的精确度这个简单的道理。

在对数表逐步演进的过程中，最初人们认为尾数越变越短是不符合常理的。后来人们才意识到了尾数缩短所起到的重要作用：

首先，尾数缩短以后，对数表的篇幅变小了，携带起来更方便了。7 位对数表大开本也有大约 200 页，发展到 5 位对数表时，篇幅就减小到对开本 30 页了，后来发展到 4 位对数表时，篇幅减小到 5 位对数表的 1/10，大开本只需要 2 页就够了。

其次，尾数缩短以后，相关的计算都变得更加快捷了，完成同一种计算，用 5 位对数表所需的时间只有 7 位对数表的 1/3。

所以，对数表的尾数缩短以后，使用起来比以前方便了许多。

9.4　对数中的“巨人”

3 位和 4 位对数表已经完全能够满足实际生活和技术上的需要。但是，这并不代表位数多的对数表没有意义。对于理论研究人员来说，3 位或者 4 位的对数表是远远不够的。他们经常面对的对数表的位数甚至比布利格的 14 位还多得多。由于大多数对数是无理数，这也就意味着，无论用多少位数字，我们都不可能把它准确地表示出来。对于大多数对数来说，虽然无论取多少位都只能是个近似值，但是随着尾数位数的增多，对数会越来越接近准确值。从这个角度来说，在很多情况下，14 位的对数表的精密度对于科学研究工作来说是远远不够的[①]。

----

① 布利格的 14 位对数表只有 1 ~ 20 000 和 90 000 ~ 101 000 各数的对数。

从对数发明至今，至少有 500 种对数表先后问世。在这么多的对数表中，科研工作者总能找到符合他们要求的。例如，1795 年，法国的卡莱编写了从 2 到 1 200 之间的各数的 20 位对数。而除此之外，对于范围较窄的一组数，它的对数表的位数会更多，这可以称得上对数中的一种奇观了。

下面我们就来列举一些对数中的"巨人"，它们都不是常用对数，而是自然对数：沃尔佛兰姆的 10 000 以下各数的 48 位对数表、沙尔普的 61 位对数表、帕尔克赫尔斯特的 102 位对数表。除了这些，还有一个称得上壮观的对数表，那就是亚当斯的 260 位对数。

亚当斯的 260 位对数其实并不是表，而只是 2，3，5，7，10 这五个数的自然对数和可以把它们换算成常用对数的一个 260 位的换算因数。但是，神奇的是，有了这五个数的对数以后，我们就可以利用一点简单的加法或乘法计算出许许多多合数的对数来。例如，对于 15 的对数我们就可以这样来计算，它等于 3 和 5 的对数和。以此类推，我们还能求出其他许多合数的对数。

这里，我们不得不在对数奇观里加进计算尺这种灵巧的计算工具。它在我们的日常生活中太过常见，我们对它过于熟悉，所以忽略了这种以对数为原理的工具的奇妙之处。很多使用计算尺的人甚至不知道什么是对数，这也是我们无法看出它的巧妙之处的原因之一。

9.5 速算专家的秘密

速算专家经常在大庭广众之下表演关于数字的惊人游戏，他们最擅长的莫过于我们下面要说的这种。你在看他们表演之前，从宣传海报上看到，这个速算专家能够心算出多位数的高次方根。为了考一考这位速算专家，你费了很大力气提前算出了一个数的31次方，观看表演时，你找准时机向速算专家提问道：

"请你把下面这个35位数的31次方根速算出来！我念，你写！"

你还没来得及开口念出第一个数字，速算专家已经拿起粉笔，写出了结果：13。

还没有听你说完这是个什么数，他竟然已经给出了答案，用快如闪电的速度心算出31次方根，这太不可思议了。你对速算专家的表现感到震惊，同时也觉得输得心服口服。

其实这里面是有一些玄机的。这个秘密其实非常简单：31次乘方且有35位的数其实只有13一个。小于13的数的31次乘方不足35位；大于13的数的31次乘方又超过了35位。

你一定很疑惑，速算专家是怎么知道这些的呢？他又是凭借什么求出13这个结果的呢？答案是对数。他在心中牢牢记着前面15到30个数的2位对数。因为合数的对数等于它的素因数的对数的和这条法则的存在，所以要记住15到30个数的2位对数，并不像我们想象中那么难。对于他们来说，只需要记住2，3和7$\left(\lg 5 = \lg \dfrac{10}{2} = 1 - \lg 2 \right)$的对数就能推断出前10个数的对数了。而要知道后10个数的对数，只需要再记住4个数（即11，13，17，19）的对数就可以了。

不管他用的方法是什么，这位速算专家首先做的就是在心里摆出下面的两位对数表（表9 - 1）：

表 9 – 1

真数	对数	真数	对数
2	0.30	11	1.04
3	0.48	12	1.08
4	0.60	13	1.11
5	0.70	14	1.15
6	0.78	15	1.18
7	0.85	16	1.20
8	0.90	17	1.23
9	0.95	18	1.26
—	—	19	1.28

速算专家所表演的这个让你非常震惊的数字游戏的关键之处就在于：

$$\lg \sqrt[31]{35 \text{ 位数字}} = \frac{34. \cdots}{31}$$

因此，所求的对数的上下限就是 $\frac{34}{31}$ 和 $\frac{34.99}{31}$，也就是说，所求的对数在 1.09 和 1.13 之间。而 1.11 是这个范围内唯一一个整数的对数，它是 13 的对数。让你觉得非常吃惊的结果就这样被求了出来。当然，如果思维不够敏捷，或者技巧不够熟练，也不能以非常快的速度在心里算出这些。但是，从根本上来说，这件事非常简单。如果你不擅长心算，那么你可以在纸上试着玩一玩这个游戏。

例如，你的同伴向你提出这样一个问题：求出一个 20 位数的 64 次方根。

不需要问这个数是什么，你可以直接告诉他开方的结果是 2。

其实没有什么玄妙的地方。因为 $\lg \sqrt[64]{20 \text{ 位数字}} = \frac{19. \cdots}{64}$，它的上限和

下限分别为$\frac{19}{64}$和$\frac{19.99}{64}$，即 0.29 和 0.32。在这个范围内，整数的对数只有一个，那就是 2 的对数 0.30。

此时，你的同伴一定非常吃惊。这时，你还可以告诉他本来想要告诉你的那个数就是著名的"国际象棋"数字

$$2^{64} = 18\ 446\ 744\ 073\ 709\ 551\ 616$$

这一定会让他更加吃惊。

9.6   公牛所需的热量

[题] 饲料的"维持量"就是维持机体正常运转所需饲料的最低分量，它主要用来供应机体的热量消耗、内部器官活动、细胞新陈代谢等。饲料的"维持量"与动物身体的表面积是成正比的。明白了这一点以后，假设在同样的条件下，已知 630 千克重的公牛需要的最低热量是 13 500 卡，那么，420 千克重的公牛所需的最低热量是多少呢？

[解] 在这个问题中，我们除了要用到代数以外，还要用到几何。设所求的最低热量为 x，420 千克重的公牛身体的表面积为 S，630 千克重的公牛身体的表面积是 S_1。由于消耗的热量与身体的表面积成正比，所以

$$\frac{x}{13\ 500} = \frac{S}{S_1}$$

根据几何知识，我们知道，相似物体的表面积是和相应长度 l 的平方成正比的，它们的体积是和相应长度的立方成正比的，同时又由于相似物体的质量和它们的体积成正比。所以我们可以列出下列等式：

$$\frac{S}{S_1} = \frac{l^2}{l_1^2}, \quad \frac{420}{630} = \frac{l^3}{l_1^3}, \quad 即 \frac{l}{l_1} = \frac{\sqrt[3]{420}}{\sqrt[3]{630}}$$

所以

$$\frac{x}{13\ 500} = \frac{\sqrt[3]{420^2}}{\sqrt[3]{630^2}} = \sqrt[3]{\left(\frac{420}{630}\right)^2} = \sqrt[3]{\left(\frac{2}{3}\right)^2}$$

解得

$$x = 13\ 500\sqrt[3]{\frac{4}{9}}$$

利用对数表，可以求出 x 的值：

$$x \approx 10\ 300$$

即这头公牛所需的最低热量是 10 300 卡。

9.7 音乐中的数学知识

音乐家大多对数学敬而远之，他们之中很少有对数学感兴趣的。但是音乐家们，甚至像普希金笔下从来没有"用代数检验过和声"的萨利埃里这样的音乐家，和数学接触的机会其实远远超出了他们的想象。而且更为关键的是，他们接触的还不是很简单的数学内容，而是非常"古怪"的对数。

我有一位喜爱弹钢琴但是数学学得一塌糊涂的中学同学。他非常讨厌数学，甚至曾用轻蔑的语气说，音乐和数学之间没有任何相通的地方。他还说，毕达哥拉斯虽然找到了音乐的频率之比，但是他的音阶对于我们的音乐来说并不是很适用。

对于这样一个固执的、不愿承认音乐和数学之间存在关系的人，你可以想象，当他听我说他每次弹钢琴的时候实际上是在弹对数，他有多么震惊和不悦。

但这却是一个事实。在所谓的等音程半音音阶中，各"音程"既不是按照音的频率设置的，也不是按照音的波长等距离排列的，而是按照这些数量以 2 为底的对数进行设置的。

我们把最低的八音度称为零八音度，假如零八音度的 do 这个音调每秒振动的次数为 n，那么，第一个八音度的 do 一秒振动的次数也就是 $2n$，第二个八音度的 do 一秒振动的次数就是 $4n$。以此类推，第 m 个八音度的 do 一秒振动的次数就是 $n \cdot 2^m$。用 0 来表示每个八音度的 do，用 p 来表示钢琴的半音音阶中的任意一个音调。那么，在同一个音阶中，sol 就是第 7 个音，la 就是第 9 个音。由于在等音程半音音阶中，一个音的频率是它前面那个音的频率的 $\sqrt[12]{2}$ 倍，所以，我们可以用下面这个公式

$$N_{pm} = n \cdot 2^m (\sqrt[12]{2})^p$$

来表示任意一个音的频率。这个公式表示第 m 个八音度里的第 p 个音的频率。

对公式进行一些处理，以 a（$a>0$，且 $a \neq 1$）为底取对数，可得：

$$\log_a N_{pm} = \log_a n + \left(m + \frac{p}{12}\right)\log_a 2$$

假设最低音 do 的频率为 1，也就是令 $n = 1$，而且把所有对数都看作以 2 为底的对数，也就是令 $\log_2^2 = 1$，那么公式可以转化为：

$$\log_2 N_{pm} = m + \frac{p}{12}$$

从这个式子我们可以看出，钢琴琴键的号码就是它所对应的音调的频率的对数。m 表示音调位于第几个八音度的数字，它是对数的首数；而 p 表示音调在这个八音度中所占位置的数字，它是对数的尾数。

让我们以第三个八音度中的 sol 音为例来解释一下。代入公式可得，sol 音的频率为 $3 + \frac{7}{12}$（≈ 3.583），在这个表达式中，数字 3 表示的是这个音调的频率用 2 做底数的对数的首数，而数字 $\frac{7}{12}$（≈ 0.583）表示的是这个音调的频率用 2 做底数的对数的尾数。所以说，这个 sol 音的频率应该是最低八音度中 do 音频率的 $2^{3.583}$ 倍，即 11.98 倍。

这是一位物理学家文章里的一段话。这段话很明确地告诉了我们音乐与数学之间密不可分的关系。如果以后谁再说音乐跟数学没有丝毫相通的地方，你就可以把这些知识告诉他了。

9.8　恒星、噪声、对数

有些读者可能会觉得这个标题看起来有些奇怪，因为它把看起来完全不相干的东西放在了一起。在这里我们并不是要模仿谁或者是玩一个文字游戏，而是要告诉大家，恒星和噪声都与对数有着十分密切的关系。无论是噪声的音量还是恒星的亮度，都是用对数来进行度量的。

根据视觉辨别出来的亮度，天文学家把恒星分成了一等星、二等星、三等星等不同的等级。按照等级的大小连续排列的恒星对于我们的肉眼来说，就像算术中的各项级数。但是它们的客观亮度，也就是物理亮度却不是按照算术级数来变化的。它们的客观亮度构成了一个几何级数，这个几何级数的公比为$\frac{1}{2.5}$。也就是说，恒星的"等级"其实就是它客观亮度的对数。天文学家在确定恒星亮度的时候，依据的是一种底数为 2.5 的对数表。据此，我们可以推断出，一等星会比三等星亮 $2.5^{(3-1)}$ 倍，也就是 6.25 倍。对存在于天体之间的这些有趣关系，本系列丛书中的《写给孩子的趣味天文学》一书做了比较详尽的讲解。

在日常生活中，我们面对着各种各样的噪声：工厂中机器运转的声音；马路上汽车的鸣笛声；飞机飞过头顶时的隆隆声……响度太高的噪声会对人们的日常生活和工作产生非常不好的影响。这也是人们想尽办法要表示出声音响度的原因。在声学中，"贝尔"是用来表示声音响度的单位，但是在日常工作中，我们经常使用的却是"分贝"，1 贝尔相当于 10 分贝。将不同音量的噪声按顺序依次排列起来：1 贝尔、2 贝尔、3 贝尔……对我们的耳朵来说就像一个算术级数。但是，这些噪声的"强度"所构成的却并不是一个真正的算术级数。它实际上构成的是一个公比为 10 的几何级数。也就是说，当两种噪声的响度差是 1 贝尔的时候，响度较大的那个噪声的强度实际上是另一个噪声强度的 10 倍。噪声的音量用贝尔来表示时，它的值其实刚好等于它强度的常用对数。

为了更容易地理解这其中的关系，下面我们就来举几个例子。

树叶的沙沙声是 1 贝尔，我们大声说话的声音是 6.5 贝尔，狮子的吼叫声是 8.7 贝尔。根据题意我们可以知道，我们大声说话时所发出的声音的强

度是树叶沙沙声的 $10^{(6.5-1)} = 10^{5.5} = 316\,000$ 倍；而狮子吼叫时所发出的声音的强度是我们大声说话时所发出的声音的强度的 $10^{(8.7-6.5)} = 10^{2.2} = 158$ 倍。

通常，我们认为超过 8 贝尔的噪声会对人的机体造成伤害。锤子击打钢板时产生的噪声高达 11 贝尔，所以很多工厂的噪声其实超过了 8 贝尔。这些噪声通常要比我们可以忍受的标准强 100 倍，甚至 1\,000 倍，这种强度甚至比尼亚加拉大瀑布最喧闹的地方（9 贝尔）还要强 10 倍或者 100 倍。

通过判断恒星的亮度和确定噪声的强度，我们发现了存在于感觉的数量和产生这些感觉所需的刺激的数量之间的一些关系。这些关系的存在显然并非偶然。它们都符合费希纳心理物理学的一条定律：感觉的数量与刺激的数量的对数成正比例关系。

由此，我们也可以看出，对数甚至已经进入了心理学的领域。

9.9 灯泡中的对数

[题] 在灯丝所用的金属材料相同的情况下，充气灯泡发出的光要比真空灯泡发出的光亮得多。产生这种现象的原因就是在这两种灯泡中，炽热灯丝的温度是不一样的。依照物理学定律，白炽物体放射的光线总量与在热力学温度（从 -273 ℃算起的温度标准）下物体温度的 12 次方成正比例关系。让我们按照这个定律来算一下这道题：在热力学温度下，求一个灯丝温度是 2\,500 K 的充气灯泡所放射出来的光线要比另外一个灯丝温度为

2 200 K的真空灯泡放射出来的光线强多少倍？

[**解**] 用 x 来表示所求的倍数，根据题意可以列出下面的等式：

$$x = \left(\frac{2\,500}{2\,200}\right)^{12} = \left(\frac{25}{22}\right)^{12}$$

经过转化，得：

$$\lg x = 12(\lg 25 - \lg 22)$$

解得：

$$x = 4.6$$

也就是说，在热力学温度下，灯丝温度为 2 500 K 的充气灯泡放射出的光线要比灯丝温度为 2 200 K 的真空灯泡放射出来的光线强 4.6 倍。如果这只真空灯泡发出的光线相当于 50 支蜡烛发出的光线，那么这只充气灯泡发出的光线就相当于 230 支蜡烛发出的光线。

[**题**] 让我们再来做另外一个计算：要把电灯的亮度提高一倍，那么用百分比表示的话，应该把灯丝的热力学温度提高多少？

[**解**] 设把灯丝的热力学温度提高 x，根据题意，我们可以列出如下等式：

$$(1 + x)^{12} = 2$$

经过变换，得：

$$\lg(1 + x) = \frac{\lg 2}{12}$$

解得：

$$x = 6\%$$

也就是说，为了使电灯的亮度增加一倍，我们应该把灯丝的热力学温度提高6%。

[题] 第三个问题：在热力学温度下，我们如果把灯丝的温度提高1%，那么它的亮度将会增加多少（百分比）？

[解] 设它的亮度增加后的量为 x，那么

$$x = 1.01^{12}$$

借助对数表，得出

$$x \approx 1.13$$

即亮度增加了13%。

利用相似的方法，我们还可以计算出：当热力学温度提高2%时，亮度会增加27%；当热力学温度提高3%时，亮度会增加43%。

看了以上这些题目我们就会明白灯泡制造工业为什么把提高炽热灯丝的温度看得那么重要了，因为灯丝的温度提高哪怕 1~2 ℃，都会对灯泡的亮度产生非常大的影响。

9.10 富兰克林的遗嘱

很多人听说过国际象棋发明者索要奖赏的故事。在这个故事中，他索要的麦粒的数目是由 1 用 2 累乘之后得出的：棋盘第 1 格要 1 粒麦子，第 2 格要 2 粒麦子，就这样，后面每一格中的麦子的数量都是前一格中的 2 倍，直到第 64 格也就是最后一格为止。最后得出的数字庞大得惊人。

实际上，不要说用 2 累乘，即使用小得多的数，数目增长得也快得出乎

意料。例如对于利息为 5% 的一笔存款，每年它的总数都会增加到原来的 1.05 倍。这似乎并不是什么很快的增长速度，但是，足够长的时间之后，这笔钱就能达到让我们吃惊的数目。美国著名政治家本杰明·富兰克林的遗嘱就是这样一个非常有趣的例子。它的基本内容如下：

　　现在，我要把财产中的 1 000 英镑赠给波士顿的居民。他们如果接受这项捐赠的话，就把这笔钱托付给一些大家都信得过的人，让他们负责将这钱借给一些年轻的手工业者们去生息（这时美国还没有信托机构），利率按照每年 5% 来计算。100 年之后这笔钱的数目就会增加到 131 000 英镑。这个时候，我希望用 100 000 英镑在波士顿建造一座公共建筑物，然后把剩下的31 000英镑作为本金，继续生息 100 年。到了第二个 100 年结束的时候，这笔钱的总数目将达到 4 061 000 英镑。这个时候，我希望把 1 061 000 英镑留给波士顿居民自由支配使用，而把剩下的 3 000 000 英镑交给马萨诸塞州的公众来管理。这次分配完之后，这些钱接下来要怎么处理我就不再管了。

　　只留下了 1 000 英镑的遗产，富兰克林却把处置几百万英镑的计划都列出来了。这不是痴人说梦，他的想法是完全正确的。通过计算我们就能证实出来。

　　设富兰克林留下的 1 000 英镑 100 年之后变成了 x 英镑，那么

$$x = 1\,000 \times 1.05^{100}$$

利用对数可以计算出：

$$\lg x = \lg 1\,000 + 100\lg 1.05 \approx 5.118\,93$$

解得：

$$x = 131\ 000$$

与富兰克林自己计算的结果相同。然后，设 31 000 英镑经过 100 年之后变成了 y 英镑，那么

$$y = 31\ 000 \times 1.05^{100}$$

利用对数，求得：

$$y = 4\ 076\ 500$$

与遗嘱中所写的数字也相差不大。这就说明富兰克林遗嘱中所表达的想法是完全可以实现的。

作为练习，你还可以做一下下面这道出自萨尔蒂科夫·谢德林所写的《戈洛夫廖夫老爷们》中的题目：

波尔菲里·符拉基米洛维奇坐在自己办公室里，埋头在一张张纸上计算着。他被一个问题所困扰，那就是如果妈妈把自己出生时爷爷给的那 100 卢布以他的名义存入当铺的话，他现在应该有多少钱？他计算出的结果并不算多：总共 800 卢布。

现在，我们假设波尔菲里算这笔账时有 50 岁，并且认为他的计算没有问题。那么，动手计算一下，当时当铺的利率是多少吧。

9.11　存款的利息问题

　　银行每年都会把我们存款的利息归并到本金中去。经过这样的归并，可以生息的本金的数额就增大了，这也是为什么随着归并次数的增多，钱数增加的速度变得越来越快的原因。现在，让我们来举一个简单的例子：假如有一笔 100 卢布的存款，银行的年利率为 100%。如果到年终银行才会把利息并入本金，那么到年终的时候，去取这笔钱的话，就能取出 200 卢布。而如果每过半年，银行就会将利息并入本金，那么，半年后，100 卢布就会变成

$$100 \times 1.5 = 150(卢布)$$

到一年结束时，这笔钱就变成了：

$$150 \times 1.5 = 225(卢布)$$

　　我们把归并的期限定为 4 个月，那么到年底时，100 卢布的存款会变为：

$$100 \times \left(1\frac{1}{3}\right)^3 \approx 237.03(卢布)$$

　　如果把归并利息的期限分别设为 0.1 年、0.01 年、0.001 年，那么一年后这笔存款将分别变为：

$$100 \times 1.1^{10} \approx 259.37(卢布)$$

$$100 \times 1.01^{100} \approx 270.48(卢布)$$

$$100 \times 1.001^{1\,000} \approx 271.69(卢布)$$

　　从上面计算出的结果我们可以看出，随着归并期限的缩短，总金额一

直在增加。那么，如果我们把归并的期限无限缩短，得到的总金额是不是也会无限增加呢？答案是否定的。用高等数学的方法我们可以证明，随着归并期限的缩短，得到的总金额会达到一个极限，这个极限的值大约等于271.83卢布。无论把归并期限缩短到什么程度，总金额也不会超过最初本金的2.718 3倍。

9.12　神奇的数"e"

9.11节我们说，无论把归并利息的期限缩短到什么程度，最终所得的总金额也不会超过本金的2.718 3倍。2.718…是一个神奇的数字，它在高等数学中所起的作用非常大，甚至不亚于那些著名的数字。它是一个代号为"e"的无理数，不能用有限位的数字准确地表示出来，要表示出它，只能利用下面的式子：

$$1 + \frac{1}{1} + \frac{1}{1 \times 2} + \frac{1}{1 \times 2 \times 3} + \frac{1}{1 \times 2 \times 3 \times 4} + \frac{1}{1 \times 2 \times 3 \times 4 \times 5} + \cdots$$

这个式子表示的是它的近似值，可以精确到任意程度。

根据前面我们所讲的存款按复利方式增长的例子，我们很容易就能发现，数e其实就是式子

$$\left(1 + \frac{1}{n}\right)^n$$

当n无限增大时的极限值。

由于很多我们无法一一详述的理由，把数字e作为对数的底非常合适。这种以e为底数的对数表，也就是自然对数表，很早以前就已经存在了，并

且在科学和技术中被广泛应用。我们之前所讲的那些 48 位、61 位、102 位和 260 位的对数巨人就是用数字 e 作为底数的。

此外，数字 e 还经常会出现在让人意想不到的地方。例如下面这道题目：

把数字 a 分成若干部分，怎样分，各部分的乘积最大？

我们前面已经证明过，如果几个数的和不变，那么要使它们的乘积最大，只需要使各个数相等就可以了。据此，我们可以分析出，要想使各部分的乘积最大，数 a 应该分成相等的几份。但是，究竟应该分成几份呢？两份，三份，还是十份？

利用高等数学的方法我们可以证明，分成多少份是由数 a 的大小决定的。当所分的每份和数 e 最接近时，乘积能达到最大。

例如，当我们求 10 应该分成多少份时，就应该这样计算：

$$\frac{10}{2.718\cdots} = 3.678\cdots$$

结果是 $3.678\cdots$，但是把一个数分成 $3.678\cdots$ 等份显然是无法做到的。因此我们应该取最为接近的 $3.678\cdots$ 的整数——4 作为答案。也就是说，当我们把 10 分成 4 份时，所得的各部分的乘积最大。这时，各部分都等于 2.5，乘积就是

$$2.5^4 = 39.062\ 5$$

我们可以来验证一下，当把 10 等分成 3 份或 5 份时，所得的乘积分别为：

$$\left(\frac{10}{3}\right)^3 \approx 37$$

$$\left(\frac{10}{5}\right)^5 = 32$$

均小于分成 4 份时所得的乘积。

用同样的方法我们还可以求出，当把数 20 分成 7 等份时，各部分的乘积达到最大；把数字 50 分成 18 等份时，各部分的乘积达到最大；把 100 分成 37 等份时，各部分的乘积达到最大。因为

$$20 \div 2.718\cdots \approx 7.36$$
$$50 \div 2.718\cdots \approx 18.4$$
$$100 \div 2.718\cdots \approx 36.8$$

除了在数学领域，数字 e 在物理学、天文学和其他很多研究领域都发挥着非常重要的作用。当我们用数学的方法对下面所列举的这些问题进行分析时，就必须用到数字 e：

物体冷却的规律，

气压公式（气压随高度变化而变化），

放射性衰变和地球的年龄，

欧拉公式，

空气中摆针的摆动，

用来计算火箭速度的齐奥尔科夫斯基公式，

细胞的增殖，

……

9.13　滑稽的对数

[题]　在 Chapter 5 里面，我们已经讲过一些数学中迷惑性非常强的滑稽剧，只是那些滑稽剧中所涉及的证明还没有用到对数。下面，我们就用对

数来"证明"一下不等式 $2 > 3$。很明显,这是一个错误的结论。下面,就一起来看看我们是怎么迷惑你一步步得出这样荒谬的结论的。

首先,

$$\frac{1}{4} > \frac{1}{8}$$

这是没有问题的。接着把不等式化为如下形式:

$$\left(\frac{1}{2}\right)^2 > \left(\frac{1}{2}\right)^3$$

这也是成立的。然后,将不等式变换为:

$$2\lg\left(\frac{1}{2}\right) > 3\lg\left(\frac{1}{2}\right)$$

其正确性也是毫无疑义的。

将两边同时约去 $\lg\left(\frac{1}{2}\right)$,得出

$$2 > 3$$

这显然是个错误的结论。但究竟是哪一步出了问题呢?

[解] 其实错误就出在两边同时约去 $\lg\left(\frac{1}{2}\right)$ 那一步。由于 $\lg\left(\frac{1}{2}\right)$ 是一个以 10 为底数的对数,而 $\frac{1}{2} < 10$,所以 $\lg\left(\frac{1}{2}\right)$ 其实是一个负数。不等式的两边同时约去一个负数时,不等式的符号是应该发生改变的。但是在证明过程中,我们并没有改变不等式的符号,所以得出错误的结论也就很正常了。

9.14 用三个 2 表示出任意数

[题] 下面我们用一道绝妙的代数难题来结束这本书的内容。在奥德萨

召开的物理学家代表大会上，众多物理学家就曾被它迷惑过。题目是这样的：

已知一个任意正整数，把它用三个 2 和任意的数学符号表示出来。

[解] 我们先来看一看在特殊情形下应该怎样解这道题。首先，假设已知的正整数为 3，那么，我们可以用下面的方法来解这道题：

$$3 = -\log_2 \log_2 \sqrt{\sqrt{\sqrt{2}}}$$

通过下面这些简单的步骤我们就能证明出上面的等式是正确的：

$$\sqrt{\sqrt{\sqrt{2}}} = [\,(2^{\frac{1}{2}})^{\frac{1}{2}}\,]^{\frac{1}{2}} = 2^{\frac{1}{2^3}} = 2^{2^{-3}}$$

$$\log_2 2^{2^{-3}} = 2^{-3}$$

$$-\log_2 2^{-3} = 3$$

而当已知的正整数为 5 时，我们也可以用同样的方法来解这道题：

$$5 = -\log_2 \log_2 \sqrt{\sqrt{\sqrt{\sqrt{\sqrt{2}}}}}$$

在平方根号上不必写出根指数，这是我们可以用这种方法来解这道题目的原因。当已知的正整数为 N 时，这道题目的答案就是：

$$N = -\log_2 \log_2 \sqrt{\sqrt{\cdots \sqrt{2}}} \quad (N \text{ 层根号})$$

根号的层数刚好就是已知的那个正整数。